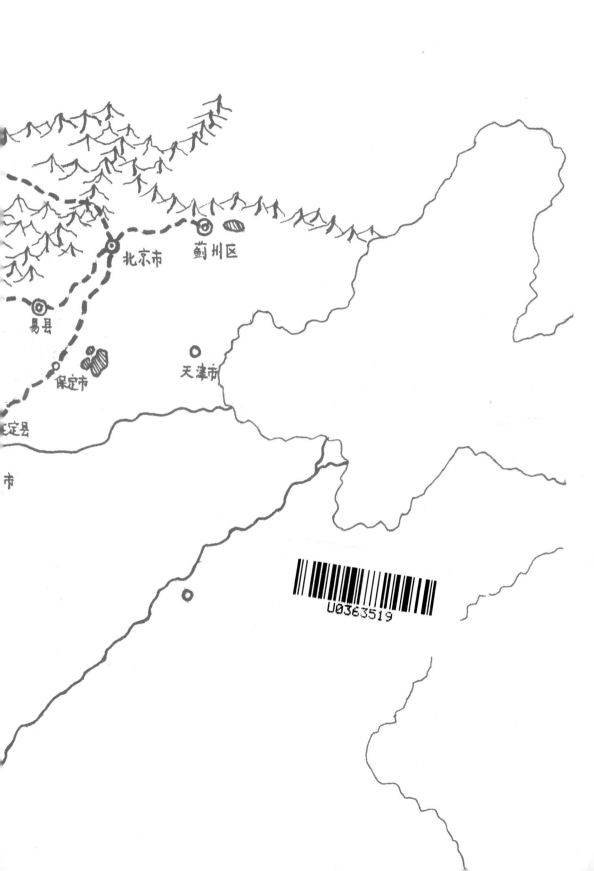

北京市

蓟州区

易县

保定市

天津市

定县

市

U0363519

巡古
礼建

刘 阳 ◎ 著

江西美术出版社
全国百佳出版单位

前 言
Preface

　　1937年，对于所有中国人来说是一个永远无法被忘怀的年份，这一年的7月7日日寇悍然发动了蓄谋已久的卢沟桥事变，标志着中日战争正式打响。正当双方军队激战正酣之时，中日间另一场持续多年的较量已经决出了胜负。中国营造学社成员从我国山西省发向北平的一份电报，彻底击碎了日本学者此前对于中国古代建筑的狂妄预言……

　　就在1930年，一块名为"中国营造学社"的牌子在天安门背后的旧朝房上悄无声息地挂了起来。这到底是一个什么机构呢？

　　提起营造学社，必先从它的创始人朱启钤先生说起。朱启钤，贵州开州（今开阳）人，1872年生，光绪年间的举人，他是一位经历了晚清、北洋、民国、日伪、新中国五个时代的人物，政治生涯的巅峰官至北洋政府代理国务总理。后来因为1916年拥护袁世凯称帝而饱受非议，遂渐渐退出政坛。其后，他在经商的同时潜心研究中国古代文化，特别是中国古代建筑的保护和传承。

　　与古建筑的紧密结合，似乎是冥冥之中上天对朱启钤有意的安排。1919年，朱启钤受命以北方总代表的身份前往上海参加南北议和会议，途经南京时顺路到江南图书馆阅览，竟在无意间发现了北宋年间著名匠人李诫编修的官方建筑营造规范——《营造法式》的手抄本。与这套我国古代最完整的建筑技术书籍的偶遇，使朱启钤大喜过望，议和的破裂似乎也未曾影响到朱启钤的心情。在此之后，早已厌倦了官场的朱启钤辞去了所有官职，在他人的帮助下耗时7年将《营造法式》的手抄本进行了勘校，终于在1925年印刷出版。后来朱启钤把其中一套送给了当时著名的思想家梁启超。

自从清王朝轰然倒塌后，与封建时代沾边的一切文化似乎都因带有了一丝腐朽的味道而遭人嗤之以鼻。与此同时，来自西方先进国家的建筑样式与技术，却如同洪水般涌入了中国，人们热衷于修建西式的房屋，而中国的传统建筑却渐渐被冷落了。就在此时，朱启钤与中国营造学社走上了历史舞台。

在我国古代，建筑是由不同的匠人们一起建造起来的，他们的建筑技艺都体现在那双灵巧的双手上，他们是设计者，同时也是建造者。致力于保护与传承古代建筑的中国营造学社，在命名之初他的创始人朱启钤便深知唯有"营造"二字方能体现出中国古代建筑的建造精髓。

就在朱启钤紧锣密鼓地筹建中国营造学社时，远在地球另一头，就读于美国宾夕法尼亚大学建筑系的梁思成收到了父亲梁启超寄来的《营造法式》。在一阵惊喜后，随即而来的却是莫大的失望和苦恼，原来这部巨著就像天书一般，让人无法理解。梁启超在寄书的同时还叮嘱儿子，希望他能够仔细研究一下中国的古代建筑。虽然父亲只是建议，但满怀报国之心的梁思成还是毅然改变了研究方向，从此为研究中国古代建筑几乎倾注了全部的精力。

在中国营造学社成立的第二年，学成归国的梁思成满怀热情地加入了中国营造学社，并出任了法式部主任，而较年长的刘敦桢则出任文献部主任。此外，建筑学家林徽因、杨廷宝，以及考古学家李济、史学家陈垣、地质学家李四光等也赫然在列，一时间营造学社云集了当时国内有关领域最优秀的专家。而他们的首要任务就是破译那部天书似的《营造法式》，因为那是了解中国古代建筑的一把钥匙。就这样，一群志趣相投的有志青年即将凭借着自身的光热悄悄改变中国古建筑的命运。

除了从理论方面尝试解读《营造法式》外，他们急切地展开了对全国重点古建筑的调查。北京作为辽、金、元、明、清几朝故都，云集了宫殿、坛庙、园林、陵墓等近百处古建筑，同时也是营造学社的所在地，所以自然成了营造学社开始调查的起源地。

与此同时，营造学社还在努力收集其他一切有关古建筑的资料。清末之时，曾经主理过故宫、西苑、圆明园、颐和园、静宜园、承德避暑山庄、清东陵和清西陵等重要工程设计的雷氏家族，随着清朝的落魄也变得无事可做。生活困顿的雷氏后裔只得四处兜售"样式雷"（对清代200多年间主持皇家建筑设计的雷姓世家的誉称）图档和烫样模型。得知这一消息后，为了防止这些文物流落国外，以朱启钤为首的营造学社成员首先出资收购，并呼吁社会各界竭力筹款买下了这批国宝。在此之后，搜集散佚在市面上的各种"样式雷"图档也成为此后数年中营造学社的一项重要工作。

营造学社的担忧不是没有道理的，随着国家的落魄，大量中华民族瑰宝流失海外。更让人遗憾的是，国外研究机构收集与整理这些文物与古迹之后，竟然得出了系统的研究成果，这其中也包括了中国古代建筑。当我国的近代建筑学科刚刚起步时，日本建筑学科的创始者伊东忠太便早已盯上了这片广袤的中华大地。伊东忠太一生来华调查不下十次，著有大量建筑学著作，写于1925年的《中国建筑史》就是其中最为重要的作品之一。然而伊东忠太的目的并非纯粹地为了中国，他更希望通过研究中国古代建筑来确定日本建筑的起源，他关心的只是中国建筑对日本建筑产生影响的年代，因而书中只论述到了中国南北朝时期。继伊东忠太之后，日本人关野贞和常盘大定等人也先后来华考察，并且也写出了一些具有世界影响力的学术著作。而关野贞曾经放言，在中国大地上已无比辽代更早的木构建筑，要想看到更古老的木构建筑只能前往日本。

这样的言语深深刺痛着曾经作为东亚木构建筑起源地的每一位爱国之士，尤其是以营造学社为代表的中国学者们。没有调查研究就没有发言权，所以在学社成立之后的15年中，梁思成、林徽因、刘敦桢等大师相继走访了15个省，200多个县，调查、测绘、拍摄了2000多座古建筑。在此基础上，基本厘清了我国古代建筑自唐代至清代的演变轨迹，积累了丰富而详实的第一手资料。

自2014年以来，我有幸跟随北京建筑大学导师范霄鹏教授外出调研，加之自行前往考察，几年间竟不知不觉把当年营造学社所赴若干调查之地串联了起来。从北京出发，向东，抵达了天津蓟州区独乐寺；第一次向西，途经河北、山西，沿途造访了河北易县清西陵、山西浑源县悬空寺、大同城内华严寺、善化寺和城外云冈石窟、以及应县佛宫寺等地；第二次西行由内蒙古自治区鄂尔多斯进陕西，到达米脂县姜家庄园，从佳县跨黄河抵达山西五台山佛光寺、南禅寺，以及宁武县管涔山悬空村等地；向南，则到了河北正定县隆兴寺。这期间对北京市的古建调查已然不下十几处，调查类型包括了寺庙、佛塔、宫殿、石窟、陵墓、园林等。尽览这些古代智慧结晶后，我深切感受到中国古建筑的壮丽美感，遂决定将所见所闻按之前的调查路线再配以相关的地理、历史、军事等方面的资料汇成此书。

文中的照片来源于本人历次调查中的拍摄作品，部分为友人任军与李尚馈赠。文中的老照片来自于法国人拉里贝、日本人伊东忠太、关野贞等人于1900—1941年在中国期间所摄。成书后，有感于此次写作参阅了诸多前辈们的研究资料，犹如站于诸位大师的肩膀之上，使我受益颇多。

在此，谨以此书纪念营造学社成员发现佛光寺80周年，以独乐寺为起点，讲述那些难忘的旅程。让我们满怀崇敬的心情，再次踏上大师们当年的考察之路。

目 录

Contents

Chapter 1

It All Begins at Guanyin Pavilion

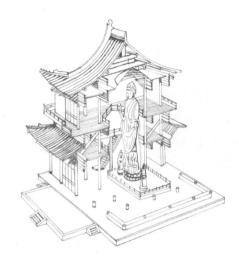

第一章 由观音阁开启的考察之旅

民国二十年（公元1931年）初夏的5月29日，日本建筑学者关野贞在去往清东陵调查时途经蓟县县城，无意间发现路边有一组名叫独乐寺的建筑群，于是便停车从旁门进入。寺中建筑出檐深远的坡屋顶、宏大的斗拱部件映入了关野贞的眼帘，他一眼便认定这是一组非常古老的辽代建筑群。同年，于"九一八"事变后到达北平的梁思成先生加入了营造学社，梁公偶见观音阁照片，一望便知其为宋元前物，立即计划前往测绘，但由于行装甫竣、时局动荡而作罢。后终于1932年4月成行，迈出了营造学社远赴京外实地测量、调查与研究的第一步。

为何要选择天津蓟县独乐寺为营造学社考察的第一站，陈明达先生在《中国大百科全书》注译的《独乐寺》条目中指出，梁先生首选独乐寺，因其是当时我国木建筑中已知的最古者，并指出"以时代论，则上承唐代遗风，下启宋式营造，实研究我国建筑蜕变上重要资料，罕有之宝物也"。且蓟县就在北平东郊不远的地方，所以成为营造学社组织测绘调查的开端也绝非偶然。

今日重走营造学社的考察之路，我们依旧选择从天津蓟县独乐寺开始。北平已是北京，蓟县已为蓟州区，物是

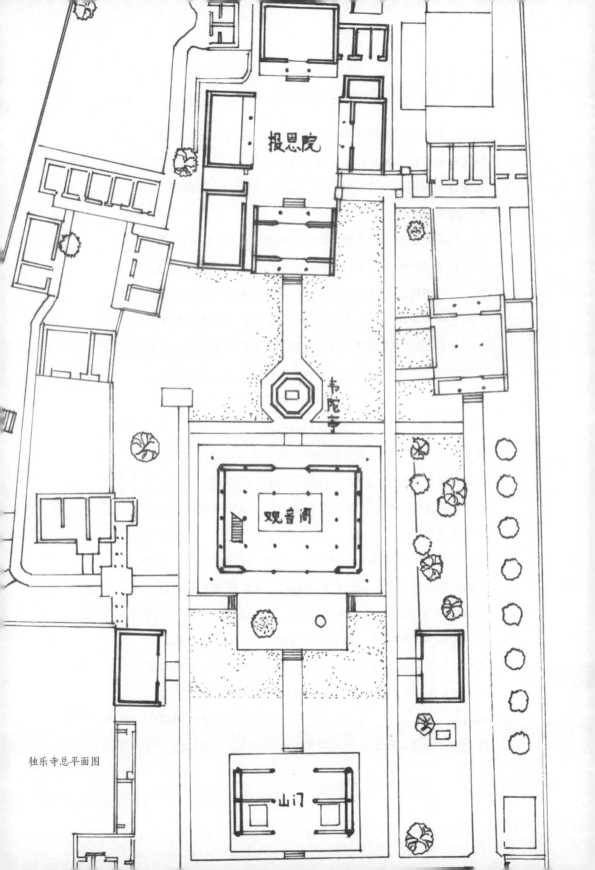

报恩院

韦陀亭

观音阁

山门

独乐寺总平面图

人非，然而不变的是向东的路途。由京平高速出京，一路上回忆着梁公在《蓟县独乐寺观音阁山门考》一文中描述的初见观音阁的情景："立于石坛之上，高出城表，距蓟城十余里已遥遥望见之……"

独乐寺虽为千年名刹，而寺史则始无可考。据清康熙年间《日下旧间·山志》称："独乐寺不知创自何代，到辽时重修。……统和二年（公元984年）冬十月再建，上下两级，东西五间，南北八架，大阁一所。"由现存阁上匾额题字传为"太白书法"的推测，该寺在唐时应该已经存在。关于独乐寺寺名的由来有三种说法：第一种据说观音塑像内部的支架是一棵参天而立的杜梨树，所以以"杜梨"的谐音取名为独乐寺；第二种说法是佛家提倡清心寡欲，恪守戒律，独以普度众生为乐，所以名曰独乐寺；第三种，此地为唐时安禄山起兵叛唐誓师的地方。"独乐"之名，亦安禄山所为，大概他思独乐而不与民同乐，故而命名。这其中以最后一种说法流传最为广泛。

在建筑不多的独乐寺中存有庑殿顶、歇山顶和攒尖顶等多种中国古代屋顶样式。在我国古时，人们的房屋大都以木质结构作为骨架，在砖墙出现之前，屋身周围多包绕以各种不耐雨水侵蚀的土墙，为了保护墙身，并让雨水尽快排走，我们的祖先将屋顶逐渐起坡抬高，并将屋顶下部的屋檐深深地向外挑出，在之后的几千年中，逐渐形成了庑殿顶、歇山顶、悬山顶、硬山顶、攒尖顶、单坡顶、平屋顶等一系列的屋顶样式。通过这些种类多样的屋顶再排列组合，一同构成了我

It All Begins at Guanyin Pavilion

攒尖顶

硬山顶

悬山顶

歇山顶

庑殿顶

5

重檐庑殿顶

国古代建筑丰富多彩的天际轮廓，这也是中国建筑有别于其他地区建筑的标志性特征。这其中以庑殿顶与歇山顶较为尊贵，庑殿顶也称四阿顶，是中国古代建筑中等级最高的屋顶式样。常用于宫殿、坛庙中重要的殿宇，有单檐和重檐之分，重檐庑殿顶又用于十分重要的建筑。单檐庑殿顶实为一四坡顶，正中有一条正脊，四坡面的交汇处有四条垂脊，一共五脊，所以又称为五脊殿。庑殿顶的形象最早出现在商代的甲骨文，实物则以山西五台唐佛光寺东大殿为最早。歇山顶的出现晚于庑殿顶，是一种由两坡顶加周围廊形成的屋面式样。它由正脊四条垂脊和四条戗脊组成，所以又称为九脊殿，它也有单檐和重檐的形式。歇山顶的等级仅次于庑殿顶，在宫殿、坛庙中用于次一级的建筑，在住宅、园林中，又常使用一种无正脊的歇山顶，称为卷棚歇山。歇山顶最早的形象见于汉代明器（模仿日用品、人物、畜禽、车船、建筑物、工具、兵器、家具的一种模型，为古时随葬品），木建筑还没有比山西五台南禅寺大殿更早的实例。

除了庑殿顶、歇山顶这些等级比较高的屋顶形式，常用的屋顶样式还有悬山顶和硬山顶。悬山顶是两坡

山门中的金刚力士

顶的一种，也是我国一般建筑中最常见的形式，其特点是屋檐两端向两山墙以外伸出（故又称为挑山或出山）。悬山一般有正脊和垂脊，较简单的仅施正脊，也有用无正脊的卷棚。山墙处常露出木构架的柱、梁或枋。悬山屋顶在汉画像石及明器中仅见于民间建筑，已知实物最早的为山东肥城孝堂山汉代的郭巨墓祠。除了悬山顶，硬山顶也是两坡顶的一种，但与悬山顶不同的是，屋面两侧不悬出山墙之外，且其山墙大多用砖石砌筑，并高出屋面。硬山顶在宋代已经出现，后来成为一种广泛分布的屋顶样式，似与砖产量的大幅增加有着直接的关系。

以上这几种比较复杂的斜屋面形式，实则都是由几面单坡顶组合而成的，就好比庑殿顶由四坡围合而成，而悬山顶、硬山顶则为两坡顶。其实，单坡顶也能构成一种屋面形式，通常单坡多用于较简单或辅助性的建筑，常附于围墙或建筑的侧面。早在河南偃师二里头晚夏宫殿遗址中，就已发现有单面廊。汉代的建筑明器中也有不少单坡廊的例子，直至今日，西北的农村民居还有很多用单坡顶的。与单坡顶类似的是一种没有坡度的平屋顶。在我国华北、西北与西藏等干燥少雨地区，生活在这里的人们盖屋时直接在木椽上铺板，垫上土层，然后再拍实，形成一种平屋顶的建筑形式。但这种屋顶在我国古代的建筑记载和遗物中并未发现。

最后，还有一种攒尖顶，通常见于面积不太大的点景建筑屋顶，如塔、亭等。其特点是屋面较陡，无正脊，而以数条重脊交合于顶部，其上再覆以宝顶，平面有方、圆、三角、五角、六角、八角、十二角等。攒尖顶实例最早的形象见于北魏石窟里的石塔雕刻，实物则以北魏河南登封嵩岳寺塔顶和隋代山东历城神通寺四门塔顶为最早。

山门匾额（上）
庑殿顶的山门（下）

山门、山门上的斗拱

　　我们驱车行驶了大约 90 公里后，到达天津市盘山南麓的蓟州区，进城前曾努力遥望独乐寺中那高大的观音阁，但因高楼遮挡以致无果而终，后只得直接驶入独乐寺所在的西大街路。

　　外围高高的围墙依旧保持着独乐寺神秘的氛围。寺院早期的总体布局以及规模早已难以查证，目前主轴线上存有山门、观音阁、东西两侧的配殿，以及阁后的韦陀亭和东北角的三间小殿（清帝谒东陵中途的行驻之处）。占地约有 10000 平方米。

　　独乐寺的山门与观音阁是独乐寺建筑的精华所在。面阔三间，进深两间的山门，梁柱粗壮，斗拱硕大，其上的屋顶是中国现存最早的庑殿顶山门。屋脊两端的鸱吻，造型生动古朴，长长的尾巴翘转向内，犹如雉鸟飞翔一般，为辽代原物。据说山门的牌匾"独乐寺"三个字乃明代严嵩所题。山门内有两尊高大的天王塑像分列两旁，俗称"哼""哈"二将，是辽代的珍品。整体上，山门呈现出一种朴实无华的古典型效果。就像梁公在《蓟县独乐寺观音阁山门考》中评价的那样："全部权衡，与明清建筑物大异，所呈现象至为庄严稳固。"

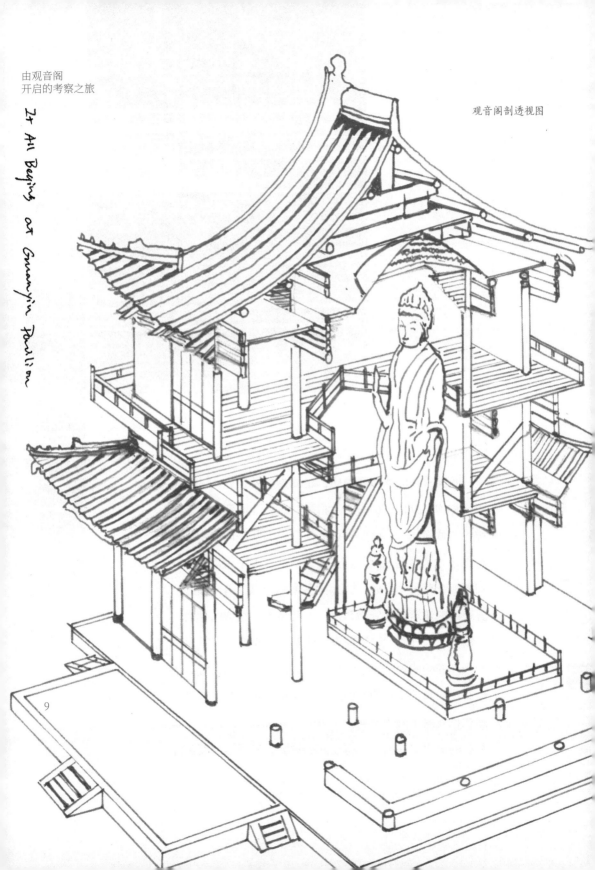

由观音阁
开启的考察之旅

It All Begins at Guanyin Pavilion

观音阁剖透视图

9

观音阁外部及内部斗拱

观音阁外景

　　我国古代的木构建筑中，正面相邻两檐柱间的水平距离称为"开间"（又叫"面阔"），各开间宽度的总和称为"通面阔"。就如独乐寺山门正面四柱间的水平距离称之为"面阔三间"。在汉代以前我国木构建筑的开间数有奇有偶，而从汉之后，则多为十一以下的奇数。三、五开间的建筑在民间极为常见，而皇家与官署的建筑则多用五、七开间，特别隆重的建筑可以用九开间，至于十一开间的建筑，除了北京故宫太和殿和太庙以外，还没有见到其他现存的实例。木构建筑各开间的名称又因所在位置的不同而不同，正当中一间称为"明间"，其左右的称为"次间"，再往外的称为"梢间"，而最外

观音阁上的斗拱

的称为"尽间"，如果是九开间及以上的建筑则增加了次间的数量。

与"面阔"相对的是垂直方向的"进深"，侧面各开间宽度的总和称为"通进深"，亦即前后檐柱间的距离，有时也用建筑侧面间数或以屋架上的椽数来表示"通进深"，如独乐寺山门的进深即为二间四椽。

穿过山门后，主体建筑观音阁即全部展现于我们面前，观音阁

观世音菩萨塑像（左）
右胁侍塑像（右）

外观二层实为三层，面阔五间，宽约 20 米，高约 23 米，歇山顶出檐深远，整体形象稳重而舒展，似乎有种唐风遗韵。观音阁内立有 28 根立柱，使内部空间分为内外两圈，中部天井以十一面观音像与两侧的胁侍为中心。考据亦为辽代原物，"统和重塑，尚具唐风，其两旁侍立菩萨与盛唐造像尤相似，亦雕塑史中之重要遗例也"。观音阁内设梯级，共有三层，使人能从不同的高度瞻仰佛容，塑像顶部的天花还覆有斗八藻井，整个内部空间都和塑像紧密结合在一起。现今，为了保护观音阁，普通人已无法登临阁上。梁公曾在《蓟县观音寺白塔记》中记述："登独乐寺观音阁上层，则见十一面观音，永久微笑，慧眼慈祥，向前凝视，若深赏蓟城之风景幽美者。"我们只能在前人的言语之间，感受一下站在阁上的感觉。在观音阁下层的四壁上还绘有十六罗汉立像和三头六臂或四臂的明王像，其间穿插有山水和世俗题材的彩画，虽为明代遗作，但画面清楚且色泽鲜明。1976 年 7 月，唐山大地震导致独乐寺院墙倒塌，观音阁虽墙皮部分脱落，但其梁架未见歪闪，足见始建于辽代的观音阁结构之合理性。

韦驮亭位于观音阁北面，是一座明代修建的攒尖顶八角亭，亭内高约 3 米的韦驮像威猛庄严。韦驮原为古印度婆罗门教天部神，在佛涅槃时，罗刹鬼盗取佛牙一双，韦驮急追取回，后来便成为佛教中的护卫天神。韦驮亭内的这尊韦驮像，表情肃穆，身着盔甲，双手合十怀抱着金刚杵，这其实只是韦驮手持金刚杵姿态的一种，除了这种双手合掌捧杵的姿态外还有一种以手按杵据地的姿态，前者意为欢迎四方游僧前来挂单，且必受供养；后者则是婉转地告知此佛寺不接待外来僧家。

当我们再回到观音阁前凝视着这满满唐风的大阁楼时，想必梁公当年也曾同样凝视过。令人感到奇怪的是，为何辽代的大阁楼会依旧完整地保留前朝的风貌呢？因为原本属于唐朝的蓟县，文化上早先受于中原，然而五代之后，蓟县则地属夷狄，虽然中原文化亦有更新，但因政治边界的隔阻造成了文化交流的停滞，所以辽代在重建观音阁之时，其唐代特征亦保存得较为纯正。

虽然梁思成先生称赞独乐寺为"上承唐代遗风，下启宋式营造，实研究中国建筑蜕变之重要资料，罕有之宝物也"，但是仅仅重建于辽代的独乐寺，却并非营造学社成员们的终极目标，一个找寻更多中国古代建筑的计划便拉开了帷幕。

出独乐寺后，徐徐而下的阳光洒在了向西回京的车内，太阳似乎以其光芒万丈的身躯，在指引着我们一路西行。

第二章
探秘清西陵

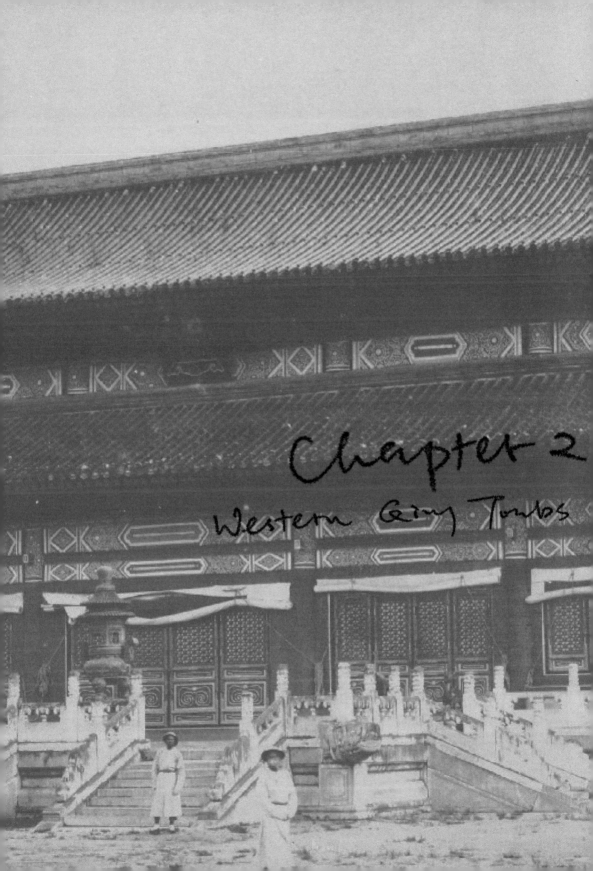

Chapter 2
Western Qing Tombs

　　由北京房山出京 120 余公里，便到达距保定市易县城西
15 公里外的永宁山下。这里是一片层峦起伏的丘陵地带，树
木繁茂，河网交错，著名的易水河便发源于此。2200 年前的
易水河畔，燕国荆轲刺秦临别时吟唱的《易水歌》依旧响彻
耳边，诗歌中那段"风萧萧兮易水寒，壮士一去兮不复还"
的豪迈语句依然让我们感受到壮士出征前的慷慨悲壮，荆轲
永远地离开了易水河畔，但是在他身后 2000 年的清代，有
些人却永远地长眠于此。爱新觉罗·胤禛，即雍正皇帝，选其
万年吉地于易县太平峪。此地背靠永宁山，面朝元宝山，周
围四面环山，犹如众星捧月一般，古人描述其为"乾坤聚秀
之区，阴阳和会之所"，正是生前万人之上的帝王所青睐的
完美风水宝地。在雍正皇帝的精心布局下，南起元宝山，北
至永宁山的 2.5 公里风水线上，建立起一套完备的陵墓礼制
建筑，石牌坊、大红门、神道、石像生、碑亭、隆恩门、隆
恩殿、方城明楼、宝城宝顶一应俱全。以雍正皇帝的泰陵为
核心，聚集嘉庆帝的昌陵、道光帝的慕陵、光绪帝的崇陵、
一同构建起一处崭新的皇家陵园，史称"清西陵"。

经京昆高速，转112国道进入西陵陵区，远望一片苍松翠柏郁郁葱葱，与陵区外树木凋零的冬日景象迥异，显得异常庄严肃穆。近观这些千姿百态的古树，有的好似张开臂膀，遒劲有力；有的好似举目凝视，矜持有加；还有的好似弓背弯腰，老态龙钟。它们从清代繁衍至今，目睹了王朝的兴衰更迭，是悄无声息的历史看客。这些"历史看客"因"座次"不同，而有不同的名称，位于中轴线仪道两侧的被称为"仪树"，位于陵区内漫山遍野的则称之为"海树"。虽然称谓不同，但两者却一同涵养了陵区的一方水土，已然有200余年。当正式踏上中轴线前，要穿过一座宽敞的五孔石拱桥，桥下是拱卫陵园的护城河，虽然仿若保卫京城的金水河，但在高大肃穆的松柏映衬下，桥总有一种通往彼岸的意味。当真正到达对岸时，我们似乎并没有发现什么神奇的现象，当思绪恢复正常时，却又有一个疑问涌上心头，清朝的第五位皇帝——雍正帝既非朝代开创者，又非入主中原第一帝，为何要打破子随父葬的传统，没有跟随父亲康熙皇帝下葬河北遵化的清东陵，而是在此另辟万年吉地呢？

康熙五十一年（公元1712年），年近花甲的康熙皇帝，第二次废除太子后，九位正值壮年的皇子展开了激烈的储位之争，加之康熙五十六年（公元1716年），准噶尔的策妄阿拉布坦叛变，出兵进攻西藏，内外交困的局面使康熙皇帝心力交瘁，不堪应付，加之，官场的集体贪污腐败问题，一齐摆在了雄风不再的康熙面前，老皇帝只能睁一只眼闭一只眼，艰难地维持着帝国的运转。康熙皇帝虽然一生功勋卓著，但这位千古一帝却并未给继任者留下一份好的政治遗产。当从大争之世中脱颖而出的雍亲王即位后，迫切地希望将其统治之下的官场环境打扫一新，开启一个全新的局面。睿智的雍正皇帝想到了通过改变陵寝制度，向外界传递政治体制改革的信号，更是其改革决心的宣誓。皇家陵寝的修建不仅是皇帝个人的事情，更是关乎政局稳定、人心安定的国家大事。

　　清西陵的建立，也奠定了日后清代皇陵的"昭穆之制"。所谓"昭穆之制"，就是古代宗庙的排列次序，始祖居于中，始祖之子为昭，居于左，始祖之孙为穆，居于右，再后世以此为序，分列左右。同样，家族的陵墓葬位也以此制度左右排序，若按昭穆之制，雍正皇帝的泰陵本应位于其爷爷顺治皇帝孝陵的右侧。但另立皇陵的雍正皇帝不仅打破了子随父葬的传统，也打破了昭穆之制的古法。这样一来，雍正之后的清代帝王该如何安葬，就成为一个棘手的问题，既不能得罪于远古祖先，又不能冷落了自己的父皇，好在后来聪慧的乾隆皇帝想出了父子分别安葬于东、西陵的办法，也创造了有清代

石牌楼

特色的昭穆之制。但乾隆之后的皇帝，又出现了两对"亲情"父子不愿死后分葬两地，分别是同时葬于西陵的嘉庆与道光父子，同时葬于东陵的咸丰与同治父子。自此，清代皇陵形成了今日东西陵格局：顺治皇帝的孝陵，乾隆皇帝的裕陵，咸丰皇帝的定陵，同治皇帝的慧陵，位于河北遵化的清东陵；雍正皇帝的泰陵，嘉庆皇帝的昌陵，道光皇帝的慕陵，光绪皇帝的崇陵，位于河北易县的清西陵。

雍正帝建立的西陵在规制方面也有比较明显的改变，当我们沿着中轴线继续前行，一座五开间石牌楼映入眼帘，实际上在这座正南向的石牌楼东西两边还有两座"同胞姐妹"牌楼，三座牌楼一同围合成一个"凹"字形的空间，在气势上远超清东陵的一座石牌楼。这三座石牌楼的来历有多种传说，一种说法，其是被雍正皇帝抢夺自明十三陵，真实性不得而知；另一种说法，他们是蒙古王公贵族为报答雍正皇帝的知遇之恩而出资修建的；还有一种，这三座石牌坊模仿了雍正皇帝即位前居住的雍王府前的三座石牌坊，似乎表达了雍正皇帝想在死后能在此找到回家的感觉之意。我国的牌坊、牌楼最早可追溯到周代，是一种用来旌表节孝的纪念物，后来被广泛地用于宫苑、寺观、园林、街道、陵墓等场所。牌楼与牌坊最大的区别在于，牌楼有斗拱和屋顶，而牌坊没有。由于有屋顶的存在，牌楼显得更加气势恢宏，更有助于烘托所在场所的气氛。从材质上分，牌楼主要有木质、石质、木石、砖石、琉璃等，从形式上分，又有柱头超出屋顶的"冲天式"与普通的"不出头式"。官方建筑之内的牌楼大都是"不出头式"，而民间街道上的牌楼则大都是"冲天式"。牌楼的规模一般根据开间数、柱子根数、顶上的楼数，称其为"几间几柱几楼"，像清西陵的这三座牌楼就称为"五间六柱十一楼"，这种规模的牌楼一般是皇家建筑专属，普通人无法企及。此外，石质的牌楼上，大量龙与瑞兽的雕刻栩栩如生，表明了主人的天子身份。

中轴线上的三股条石，穿过石牌楼，中心透视的焦点汇聚在远处大红门门洞里，那是整个陵区的正门。湛蓝的天空下，黄琉璃瓦顶，朱红色墙身，再配上高低起伏的绿植，一切都显得那么静谧与和谐，符合陵墓建筑的性格。

大红门最独特的不是建筑本身，而是建筑前一对白石麒麟兽，这种神兽在清东陵与十三陵中均未出现，是继三座牌楼后又一处突破规制的地方。为何本应是一对石狮子守卫的大门，却让位于一对麒麟，这其中的缘由要从麒麟的特点说起。传说麒麟分公母，外形集狮头、鹿身、龙鳞、牛尾于一身，声如雷，口吐火，寿命可达 2000 年，是神话中与龙凤齐名的灵异之物。麒麟不仅可以驱邪除魔，镇宅避煞，而且其性情温和，保护弱者，是一种难得的仁义之兽。麒麟的这些性格特点似乎正好呼应了雍正皇帝惩贪除恶，造福于民的施政理念，所以麒麟得到了雍正皇帝的青睐，由其负责守卫清西陵的大门。

　　进入大红门，神功圣德碑亭与石像生群最为引人注目。高大方正的神功圣德碑亭为重檐歇山顶，红色的墙壁上四面开门，碑亭内有两座巨大的石碑，石碑的阳面用满汉两种文字记载了皇帝的丰功伟绩。石碑下压着两只似龟非龟的神兽，

大红门前的麒麟　　　　　　　　　　　石桥与神功圣德碑亭

似乎比碑文更吸引人们的目光，它们的头奋力前伸，四肢艰难的支撑着背上的大石碑。神兽们那种坚韧不拔、不屈不挠的形态通过古代工匠高超的雕刻手法活灵活现地展现出来，感染着所有在其旁凝神注目的人们。这两只神兽大有来头，名曰赑屃，是龙生九子中的第六子，赑屃长着龙一样的头颅与龟一般的身躯，性好负重，故我国大多数石碑都是由其来背负，在我国宗教、礼制、皇家等建筑中，只要有石碑的地方就经常可以见到它们的身影，由此可见，赑屃也是一种"出镜率"比较高的神兽。这一路走来，前有仁义之兽——麒麟，

神功圣德碑亭四角华表上的望天犼

石狮、石象

又有负重神兽——赑屃，他们都是神话中的动物，而接下来出现的石雕就是我们常见的人和动物了。在神功圣德碑亭后的神道两侧，站立着五对石像生，分别是文臣、武将、马、大象和狮子。石像生模仿了皇帝生前举行重要仪式时文武百官列队御道两侧，以及将驯养的野兽同时放在御道两旁，以壮皇威的情景。设置石像生的做法始于秦汉，之后历朝历代都有沿用，但数量和种类却不尽相同。在修建泰陵之初，雍正皇帝出于逊避祖制的目的，不愿意让自己的陵墓等级超越他的父皇，所以并没有设置石像生。可是在乾隆皇帝即位后，国家财力强盛，又加上乾隆喜欢气派，十分渴望在自己的陵前也修建石像生，但是，乾隆皇帝也十分担心世人指责自己超越祖制，不孝顺祖先，睿智的乾隆皇帝想到了两全其美的办法来解决这个问题。他先为自己祖父康熙皇帝的景陵补建了石像生，后又为自己父皇雍正皇帝的泰陵补建了石像生，这样，他就可以名正言顺地为自己的陵寝修建石像生了。这种迂回的做法虽然在规制上完美解决了问题，但终究违背了雍正皇帝生

文武官员

活节俭、逊避祖制的初衷。

神道虽然还没有终结，但随着走过石像生群，穿过一座华丽大门，各位皇帝的归宿也就在此分道扬镳了。这座门叫作"龙凤门"，也是石牌楼的一种，称之为"六柱三门四壁三楼顶"，这座石牌楼与入口处的石牌楼最大的不同是多了四面黄绿琉璃构件组成的精美墙壁，雍容华贵的皇家用色，经久不退的上乘琉璃，冲天柱头的祥云图案，梁枋上配以三座火焰雕刻，一同组成了整个陵区最美的大门。

在龙凤门之后，各帝陵犹如树木的枝干一般，从主神道向两侧伸展开来，每一支有一组独立完备的建筑体系，分别是神道碑亭、隆恩门、隆恩殿、琉璃花门、二柱门、石五供、方城明楼、宝城宝顶。由于雍正皇帝的泰陵是整个清西陵的核心，所以泰陵的建筑群依然在主神道上继续延伸着。这些相似的亭、门、殿、楼的反复出现，看似单调无味，但一路走来，却鲜有枯燥之感，这就要谈起礼制建筑的一个鲜明的特点，就是通过门、亭、殿、阁等的排列组合使人们产生不同的心理感受。

例如，不同种类建筑的排列组合，可以使身在其中的人产生变换的心理感受，而相同种类建筑的排列组合，可以使人们的感觉重复加深，除此之外，反复运用不同与相同的排列手法再配合不同时空下不同体量大小的建筑，也尽可能地避免了多进建筑的单调感，更维系着一种新鲜感与神秘感。

龙凤门后的第一座建筑，又出现一座碑亭，称之为"神道碑亭"，但此碑亭非彼碑亭，这座碑亭的体量明显小于之前那座神功圣德碑亭，虽然外形与之相似，但亭内的石碑却只刻着雍正皇帝的谥号和庙号，所以这座碑亭又叫做谥号碑亭。谥号是中国封建时代在人死后按其生前事迹给予的含有褒贬意义的称号，庙号则是古代帝王死后在太庙中被供奉时所称呼的名号，例如雍正皇帝的谥号为敬天昌运建中表正文武英明宽仁信毅睿圣大孝至诚宪皇帝，庙号为清世宗，雍正实为年号，后来代指皇帝本人。由于每位皇帝的谥号和庙号不同，所以从神道碑亭开始，每位皇帝将拥有一组专属于自己的建筑群，这也是泰陵、昌陵、慕陵、崇陵各陵分立门户之始。由于皇陵是皇帝本人的最终归

慕陵的神道碑亭

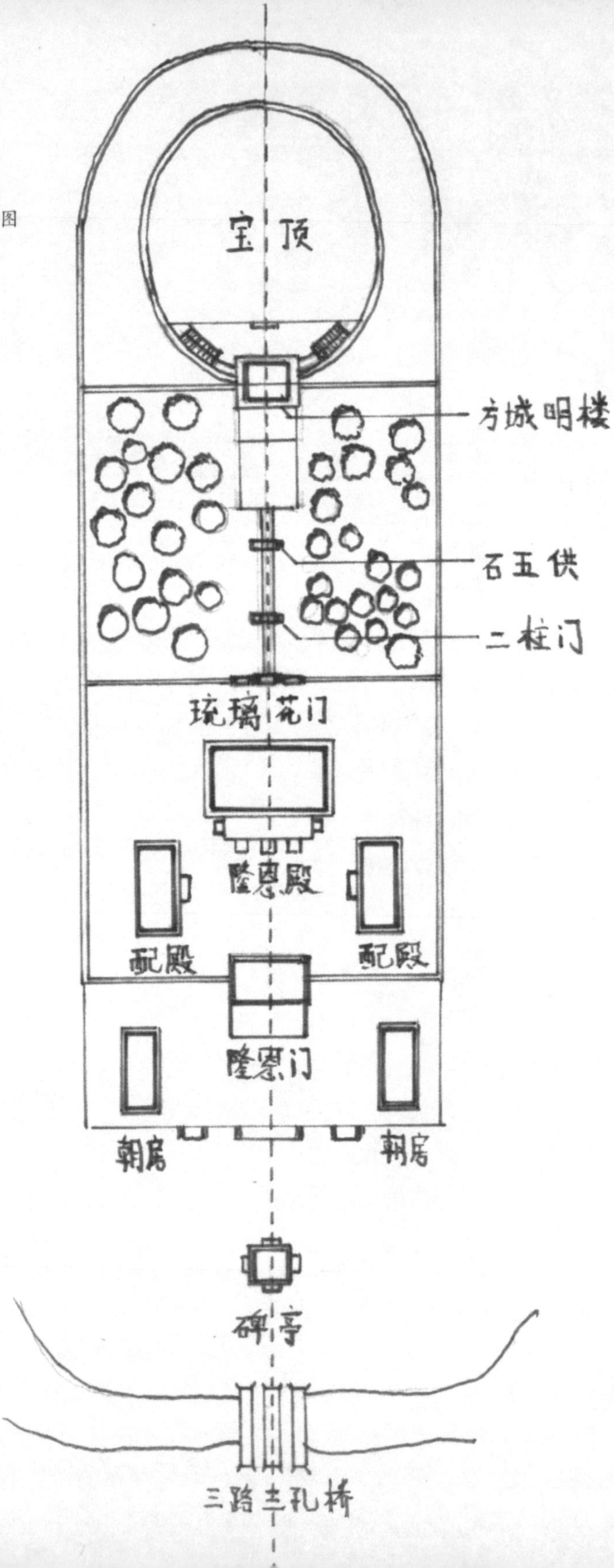

泰陵总平面图

宝顶

方城明楼

石五供

二柱门

琉璃花门

隆恩殿

配殿　　　　配殿

隆恩门

朝房　　　　朝房

碑亭

三路三孔桥

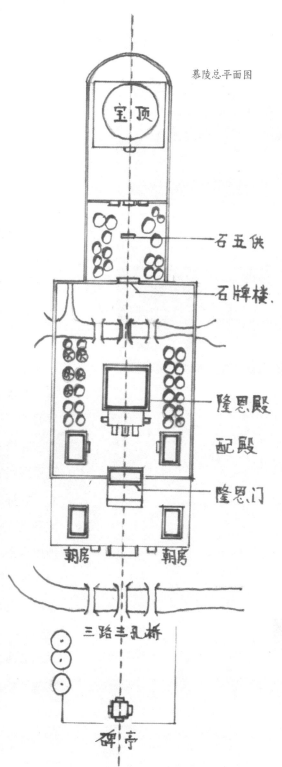

幕陵总平面图

石五供

石牌楼

隆恩殿

配殿

隆恩门

朝房　　　朝房

三路三孔桥

碑亭

宿，所以每座皇陵的主人都极尽能事地力求自己陵墓尽善尽美，也因陵墓主人的个人意志而使每座陵墓之间的建筑有所差别。在此，挑选两座有代表性的皇陵来对比介绍不同陵墓的特点。对象之一选择了清代国运上升时期的雍正帝泰陵，对象之二选择了清代由盛转衰时期的道光帝慕陵，两座不同国运期的帝陵对比可以使我们更直观地感受到清代皇陵的变迁。

　　清代皇陵的营建思想继承于明代皇陵，贯穿于我国古代"事死如事生"的陵墓观念也因此得到了忠实的体现，在这种观念下，皇帝生前在皇宫中"前朝后寝"的生活起居在陵墓中也得到相应的反映。虽

泰陵隆恩殿（上）
泰陵二柱门与明楼（下）

然没有紫禁城中前三殿、后三殿那般豪华的配置，但麻雀虽小五脏俱全。清西陵中的泰陵以中部的琉璃花门为界，前部的隆恩门、隆恩殿为前朝部分，后部的二柱门、石五供、方城明楼、宝城宝顶为后寝部分。前朝中隆恩殿是整个陵园中体量最大的建筑，隆恩殿在明代称之为祾恩殿，"祾"取"祭而受福"之意，"恩"取"罔极之恩"之意，合起来的意思就是到这里祭祀可以得到先帝的护佑，恩德是没有极限的。隆恩殿内常设有神龛与皇帝的牌位，所以隆恩殿实质上就是一座享殿，是陵墓主人接受后世祭拜的地方。后寝中最高大的方城明楼与宝城宝顶是一组建筑，因其位于地宫的上方，所以也是地面建筑中最神秘的地方，方形的城台上建有明楼，楼中立有庙谥碑，作用相当于墓碑。在方城明楼之后，由黄土夯实而成的巨大地宫穹顶被称为宝顶，宝顶周围围绕着椭圆形的城墙被称之为宝城，坚固的宝城宝顶一同构成了护卫雍正皇帝灵柩的最后一道屏障，也

泰陵的方城明楼

是泰陵地面建筑的收尾之作。环顾清代各皇陵，从顺治皇帝的孝陵开始，因为遵循祖制，各皇陵的规制大体相似，每到一处，都有一种似曾相识的感觉，但如果身处道光皇帝的慕陵之中，却又总有一种满满的新奇与异类感充斥其间。首先，慕陵裁掉了一些建筑，例如，宝顶上方没有建造方城明楼与宝城，去掉了二柱门与石像生。其次，缩小了建筑规模，隆恩殿由五开间减为三开间，重檐改为单檐，内部不绘彩画，神道也不与主神道相连，等等。为何慕陵会呈现如此面貌，这还要从陵墓的主人——道光皇帝说起，提起道光皇帝，人们总是将节俭与他联系起来。他不蓄私财，停止了各省的进贡，他甚至穿打补丁的衣服，饮食上也追求节俭，生活也十分朴素。但就是这位节俭皇帝做了一件十分奢侈的事情；按照祖制，道光皇帝早在清西陵修建慕陵之前，已在遵化清东陵的宝华

神道碑亭与隆恩门

慕陵隆恩殿

方城明楼与宝城宝顶剖透视图

峪修建了一座皇陵，并将自己病故的皇后葬入其中，但之后发现地宫漏水，道光皇帝龙颜大怒，遂废弃了宝华峪皇陵，重新在易县清西陵龙泉峪另建新陵，前后历经 15 年，花费 440 万两白银，居清代各皇帝之首。也许是花费颇巨，道光皇帝内心不安，故自行缩减了皇陵规模。看似处处缩水的皇陵却另有玄机，那座三开间的隆恩殿居然使用了清一色的金丝楠木，奢侈程度让人叹为观止。此外，1840 年发生的中英鸦片战争，迫使清帝国签订了第一个不平等条约《南京条约》，《南京条约》的签订也使道光皇帝成为第

慕陵内的石牌楼（上）
慕陵坟冢（下）

一位割地赔款的大清皇帝。自觉无颜面对祖宗，故而不设神功圣德碑亭，但他却交代儿子咸丰皇帝可将生平事迹记载于神道碑亭的庙谥碑后。这种种事迹，让后人看待这位节俭皇帝的时候又不得不加上表里不一的评价，着实令人唏嘘。

夕阳西下，走遍一座清西陵，尽观半部清代史，这些时间永远定格的建筑见证了清朝曾经的辉煌与最终的衰落。每一座皇陵都是一位帝王意志的体现，或是任性、满心欢喜，或是失意、身不由己，但这些建筑讲述的故事还将继续下去，等待后人评说。

Chapter 3
Hanging Temple and Happy Villages

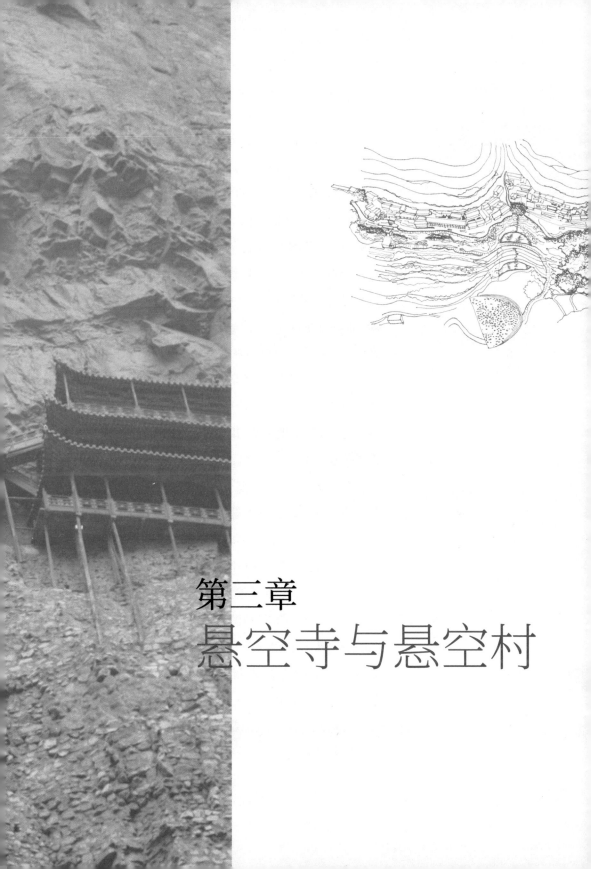

第三章

悬空寺与悬空村

出清西陵后，由 112 国道上张石高速，渐行渐近的巍巍太行正等待着我们的到来。太行山脉横亘中华大地 800 里，呈东北—西南走向，是黄土高原与华北平原的天然分界线，也是燕赵大地与古晋国之间的天然屏障。广袤的太行山，千峰百岭耸立，万丈沟壑遍布，其间流淌着众多来自我国地势第二级阶梯的河流，这些河流不断冲刷切割着太行山，形成了自古联系晋、冀、豫的东西通道，即使是工程技术特别发达的今天，我们依然穿行于这些山谷之中。在驶离了易县 40 公里后，我们一路走高，到达了紫荆岭，此处有京西长城的一处著名关隘——紫荆关，它依山傍水，建于两峰对峙的宽阔盆地之间，镇守着所在的山谷，形成"一夫当关万夫莫开"之势。而紫荆关镇守的这一山谷就是大名鼎鼎的"太行八陉"中的第七陉——蒲阴陉。陉意为山脉中被自然力量拦腰砍断后呈现的笔直断口，像蒲阴陉这样的著名山谷还有军都陉、飞狐陉、井陉、滏口陉、白陉、太行陉、轵关陉，他们统称为"太行八陉"。这八陉都是重要的军事关隘所在地，历史上发生在紫荆关的战争就多达 140 多次，其中最为著名的是公元 1213 年成吉思汗久攻居庸关不克，后分兵紫荆关击败金兵，又从内夹攻居庸关而最终打开了蒙古铁骑南下的大门。此外，还有公元 1449 年明朝土木之变后，蒙古瓦剌部攻破紫荆关后兵临北京城下。由于紫荆关见证了这些关乎国家安危的重要时刻，因

紫荆关

此，它也与居庸关、倒马关一起合称为"内三关"。

　　驶过紫荆关后，继续沿着张石高速到达涞源县，在涞源县转荣乌高速，经过灵丘县，最后到达此行的目的地山西大同市浑源县的恒山脚下。恒山作为我国五岳之中的北岳，是和东岳泰山、西岳华山、中岳嵩山、南岳衡山并列的古代五大帝王封禅之地。古代帝王在太平盛世或天降祥瑞之时都要进行祭祀天地的大型典礼，通过封

悬空寺入口处

禅，古代帝王向外界传递了君权神授的信号。北岳的归属在历史上曾有争议，自春秋战国到明代，古北岳曾经归属于今天河北省曲阳和涞源之间的大茂山，在明朝中后期经过多次争辩，又因当时邯郸大地震波及曲阳，曲阳的北岳庙遭受了严重毁坏，于是改封现今浑源县天峰岭为新的北岳恒山，但国家秩典祭祀仍确定在河北曲阳，这样就出现了后来有两个北岳的说法，直至清朝顺治年间才正式祭祀于浑源北岳庙。至此，关于北岳归属权的问题才告一段落。

五岳之中，东岳泰山雄壮，西岳华山惊险，中岳嵩山峻美，南岳衡山秀丽，北岳恒山幽邃，它们各有特色，并以此闻名于天下。其中，恒山的幽邃从地质上讲，是由于其经历了大规模的地壳升降与造山运动，所以峰峦大都呈尖形，山势陡峭并伴随着深邃的沟谷。在恒山众多的悬崖峭壁间，有一处名叫金龙峡翠屏峰的地方，一座奇特的寺庙悬空搭建在陡峭的山壁之上，这就是恒山第一胜境悬空寺。远观悬空寺，殿宇犹如空中楼阁般镶嵌于山崖上一处凹壁中。始

Hanjin Temple and Hanjin Village

南楼与北楼

建于北魏太和年间的悬空寺距今已达 1500 年之久。初名"玄空阁",其中"玄"取自中国道教教理,"空"则来源于佛教的教理,后来因为"玄"与"悬"同音,又因为悬空于山崖上的独特造型,所以更名为悬空寺。悬空寺中供奉"儒""释""道"三教神灵,是我国现存最早的三教合一的寺院。

远观悬空寺,依东南—西北向的山势,禅院、南楼和北楼三部分一字排开。在主体建筑的下方,

支撑廊桥的木柱   桥上架阁

一块写有"壮观"二字的巨石犹如天外飞仙一般从山脚下生长出来，1300 年前的唐开元二十三年（公元735 年），"诗仙"李白曾游历于此，感慨于悬空寺伟岸的气势，便在岩壁上书写了"壮观"二字，但他仍觉得不够体现自己激动的心情，便在"壮"上多加了一点，就因为这一"点"不仅留下了一段传奇故事，也从另一个角度体现了悬空寺的壮美从古至今也未曾改变过。现今的悬空寺为明清维修后的遗物，有大小殿阁总计 40 余间。行走在山崖下，跨过山脚下恒山

Hanin Temple and Hang Village

禅院

水库的导流渠，一路举目遥望悬空寺，随着观测角度和距离的变化，那座空中楼阁呈现出远近高低不同的样貌。经过弯折的小路而最终行至山崖下，南侧禅院的寺门紧紧依偎在岩石旁，与高高建于岩石台基上的禅院形成体量上的极端对比，禅院就好似这座空中楼阁的最后一步跳板，在此之后的建筑就要腾空而起，托付起了修行人与天接近的终极目标。

迈入矮小的寺门，禅院内有禅房和佛堂等房间，受限于狭长的空间，悬空寺摆脱了常规寺庙院落式的布局，房间全部排列于悬崖一侧，由走道、楼梯上下错落连接。在禅院的南北两头，本应建在山门内两侧的钟、鼓楼，被创造性地安置于此，同时也是整个悬空寺唯一对称的一组建筑。穿过禅院，由一部木楼梯通上南楼，南楼高三层，长约 8 米，宽约 4 米，有纯阳宫、三官殿和雷音殿。纯阳宫也称"吕祖庙"，殿中供奉的是道教八仙之一的吕洞宾。三官殿是悬空寺悬壁上最大的殿宇，"三官"指的是赐福于人的天官、赦罪于人的地官和为民解厄的水官。殿内泥塑最高约 2 米，是悬空寺中最大的塑像，为明代泥塑珍品。位于南楼最高处的雷音殿则是佛教殿堂，佛教认为在佛祖释迦牟尼弘扬佛法时，声音如雷鸣般响亮，故称"雷音殿"。在南楼的北侧，一座同样为三层楼阁的北楼由"长线桥"将其相连。长线桥长约 10 米，细高的木柱支撑，桥上建楼，楼内建殿，殿内供佛，木桥犹如一道飞虹把佛庙、楼宇等结合在一起，形成一道奇险的景观。北楼长约 7 米，宽约 4 米，由下到上分别为五佛殿、观音殿和三教殿。底层的五佛殿以供奉五方佛而得名，观音殿居中；三教殿位于最上层，殿内"儒""释""道"的三位鼻祖共聚一堂，中间为佛教创始人释迦牟尼，左边为儒家圣贤孔子，右边为道家祖师老子，三教同供于一殿，是"三教合一"的典型殿阁，在全国各地寺庙建筑中极为罕见。

　　这些不同教派的殿宇混建在一起，缘起于我国特殊的"儒""释""道"三教文化。"儒""释""道"三教在我国兴起之初，都曾各自保持着自家独立的意识形态，每家都以自己的理论和习惯为其标准，用来衡量并责求对方的理论和习惯，所以不免造成了三教在早期各说各优，各称各强，甚至相互攻伐的局面。这种局面存在较长时间后，三教开始相互借鉴对方的思想与观念，逐渐变为你中有我，我中有你，在社会功能上则偏重于互补。但就其各自主流思想而言，依然各树一帜，即所谓"三教虽殊，同归于善"。这样不管是维护社会道德，还是维护政治统治，三教合一的历史趋势都顺应了中华文明海纳百川的发展大潮。对于民间来说，三教各自崇拜的神祇，在"同归于善"后，只要能寄托民众的诉求便可集中供奉祭拜了，民间甚至出现了关帝这样"儒""释""道"三教共同崇拜的神祇。悬空寺这种三教合祭一室的情况实是体现了中华文化共融与世界大同的崇高境界。

除了在文化方面的珍贵价值，悬空寺的结构形式也让世人赞不绝口。"悬空寺，半天高，三根马尾空中吊"便是形容悬空寺的俚语。初看全寺，十几根碗口粗的细高木柱支撑着好似空中楼阁的南北楼与飞虹般的长线桥，但其实在它们之下还有一根根半插横梁作为基础，嵌入到后面的崖壁之中，借助岩石的暗托，使得上部的主体建筑、横梁、木柱与岩石形成了一个有机的统一整体。其次还得益于我国传统的榫卯结构，使得悬空寺的建筑有着较强的抗

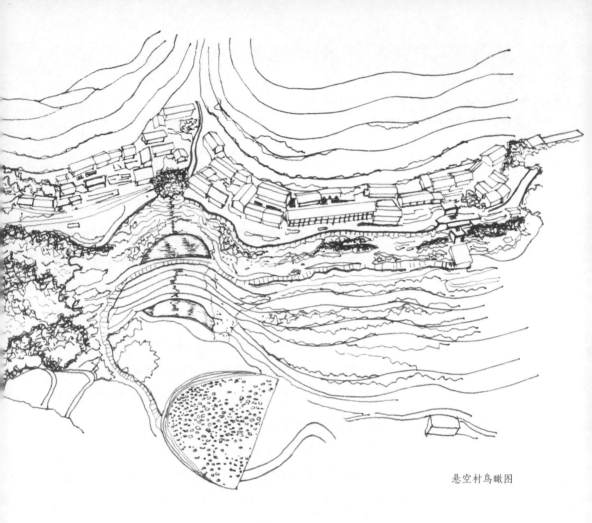

悬空村鸟瞰图

震能力，这也是千百年中悬空寺能够遗存至今的重
要原因。特殊的结构形式赋予悬空寺特殊的美感，
两座三檐歇山顶的南北楼凌空相望，每层有回廊环
抱，连廊高低错落，曲折回环。再从全局看，悬空
寺的布局手法似乎与中国传统园林有着相似之处。
在狭小的地域中，尽可能营造出层次多变、错落有
致、小中见大的丰富空间，在对称中有变化，在分
散中又有联络，内外虚实相生。窟连殿，殿连楼，
一切都好似自然天成，别具匠意，处处体现出一种

追求"天人合一"的传统思想。总之，在感受悬空寺的奇、险、巧时，更要细细品味古代劳动人民为之倾注的无限智慧，以及被我们忽视已久的传统文化精髓。

在体验过悬崖上的寺庙之后，再来看看峭壁上的村庄。在浑源县西南 130 公里外的忻州市宁武县境内，属于吕梁山支脉的管涔山同样呈东北—西南走向贯穿全县。管涔山地形复杂，垂直海拔落差较大，是山西降水量较为丰富的地区之一，良好的水源涵养了山西八大林区之一的管涔山林区。这里的树种以华北落叶松和云杉为主，林木种类为华北地区所罕见，被称为"华北落叶松的故乡"和"云杉之家"。初到这里，如果不是当地人纯正的山西方言，人们一定会认为此时此刻早已身处东北的高山密林深处。这样的生命之舟就像一颗碧绿的翡翠一般，镶嵌在黄土高原边缘的土石山区之中，从这里流出的涓涓细流汇成了一条著名的河流，之后它流经了山西的 19 个县市，流域面积近 40000 平方公里，占山西省总面积的四分之一，养育了百分之四十的三晋人民，这条河流不仅是山西的母亲河，也是山西的第一大河，它就是孕育了几千年三晋文明的汾河。

溯着汾河源一路驱车北上，走宁白线，再转忻五线，踏进了这片神奇林海的深处，这里便是管涔山的主峰——芦芽山。芦芽山平均海拔 2000 米以上，几个古老的村落就建在芦芽山的悬崖峭壁之上，它们同属于宁武县的涔山乡，一同被称为"悬空村"。在慢慢接近悬空村的路上，山势渐渐高耸，随处可见破碎的山石和陡峭的崖壁，两侧的嶙峋怪石，似乎守护着远古的秘密。颠簸了两个小时，我们首先驱车来到了一座名叫王化沟的村落前。起初在山脚下并没有村落的轮廓进入我们的视野，只看到悬崖上一排木质栈道好似一条长

悬空村　　　　　　　　　　　　　　　　　　　　　　悬空村寨门

龙横卧在翠绿的植物中，正值午时，在金色的阳光普照下，
大地犹如蒙上了一层薄纱，好一派田园风光展现在我们面前。
虽然已是夏季，但吹来的阵阵山风时强时弱，竟然带来了一
丝凉意，着实令人惊诧不已。沿着山谷中一条白石小道盘旋
而上，来到村前一处半圆形的小广场，这里应该是村中举行
重要活动的场所，像极了古希腊的半圆形剧场，半圆的弧边
是一圈圈因地起台的阶梯，围绕着中间的平台，平台中央则
有一株枯死的高树，像是一座图腾树立在那里，吸引了所有
人的目光。离开了半圆形小广场，我们继续向上接近山崖，
此时，几座民居的屋顶悄悄地探出了头，好似天上人家一般。
在正前方的崖壁上，一条从天而降的瀑布从两山坳处流下，
将整个崖上的村落分成了大致对等的两部分，山脚下一高一
低两汪清潭，承接着来自"天上的甘霖"，在山风的吹拂下，
水面波光粼粼，一行人沿着高潭边的小路继续向上前行，高
潭水满自溢，一股涓涓细流没过了小路的低洼处，流向了下

悬空村前的广场

部的低潭，那流水声淅沥淅沥，滴滴答答，一切都是那样的安详，让人心旷神怡。

　　带着愉悦的心情，上山的步伐也似乎轻盈了许多，高处的木栈道越来越近了，一座寨门模样的建筑是整个村落的入口，顺着其中的木楼梯盘旋而上，踩到上面嘎吱作响。当这种美妙的带有节奏的脚步声换成咣当声之时，我们就踏上崖壁的悬空栈道了。这条村中最平坦的大道全部由碗口粗的原木搭建而成，透过缝隙可以看到脚下的万丈深渊，顺着木栈道的方向，似乎有几千根这样的原木一直延伸到村中深处。起初，踩到并不完全固定的原木之上，心中还有几分警觉，但看到村中老者悠闲的步态，我们也就放心继续前行了。崖壁上的空间紧张，村中的人家大都沿栈道修建居所，每户间距不足2米。最让人震惊的是这里许多人家都建起了两层的小楼，之前在山脚下看到"冒

悬空村全景

头"的屋顶，其实大多都是楼阁的坡屋顶。这里的房子大都因地取材，木头、石块与黄泥是最常见的建筑材料，多数人家都为两坡顶，木框架支撑起上部细密排列的木檩条，屋顶上的瓦片估计是最现代的建筑材料了。墙体大多用石块、石片拼砌而成，有细心的人家，将石片垒成了漂亮的纹理，还有的人家，为了整洁，用黄泥将整面墙涂抹平整。墙上随处可见的木质窗棂大都斑驳陈旧，尽显历史的沧桑。由于现代材料的缺席，整个村子保持了原始的风貌，显得古色古香，最早的房子甚至可以追溯到明清时期了。

　　据当地人讲，明末之时，崇祯一朝败落，明帝国轰然倒塌，崇祯的四皇子为躲避清兵追捕，逃到了管涔山深处的普应寺中出家。当地驻守宁武关、雁门关、偏头关的三关总兵周遇吉派兵暗中保护四皇子，在与世隔绝的管涔山中安营扎寨。后来四皇子坐化于山顶的寺庙中，隐居于此的士兵则在王化沟等村繁衍生息，形成了今天的悬空村。

关于悬空村的建造也有一段非同一般的故事，在几百年前，最早的悬空村曾经建于这里的山顶之上，但匮乏的土地无法产出足够的粮食，迫于生计，悬空村被迫从山顶搬迁至现在的山腰处。由于悬空村附近的山地由软硬岩层交错沉积而成，悬空村正好支撑在硬岩层之上，建在了软岩层之中，软岩层又历经了风雨侵蚀，逐渐形成了可以建造村庄与开垦田地的土壤。除此之外，悬空村涌出的几口泉眼不仅满足了全村人日常所需，而且浇灌了附近的农田，正是由于山腰处具备了生存所需的必备条件，悬空村人才能在此过着日出而作、日落而息的农耕生活。这一切都要归功于悬空村有着丰富的浅层地下水。虽然身处黄土高原边缘地带，但受北方东西向阴山山脉的遮挡，外加管涔山较高的山势，给这一地区带来了丰富的降水，悬空村所在的山中溪流纵横，为北方山脉之少见。

在距悬空村不远的一处山谷中，数十口巨大的木棺安葬于崖壁之上，又构成了芦芽山一处神秘的人文景观。这里是长江以北唯一的悬棺群落，他们的存在给世人留下了千古疑问，悬棺是如何被安放于此？棺中的主人是不是当年保护四皇子的官兵？这一切已不得而知，就像管涔山中的众多奥秘一样，他们的答案终将在历史长河中逝去，留给后人的只有无限遐想。

第四章
大同的古建筑

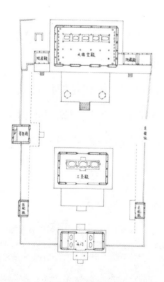

Chapter 4

ient Buildings in Datong

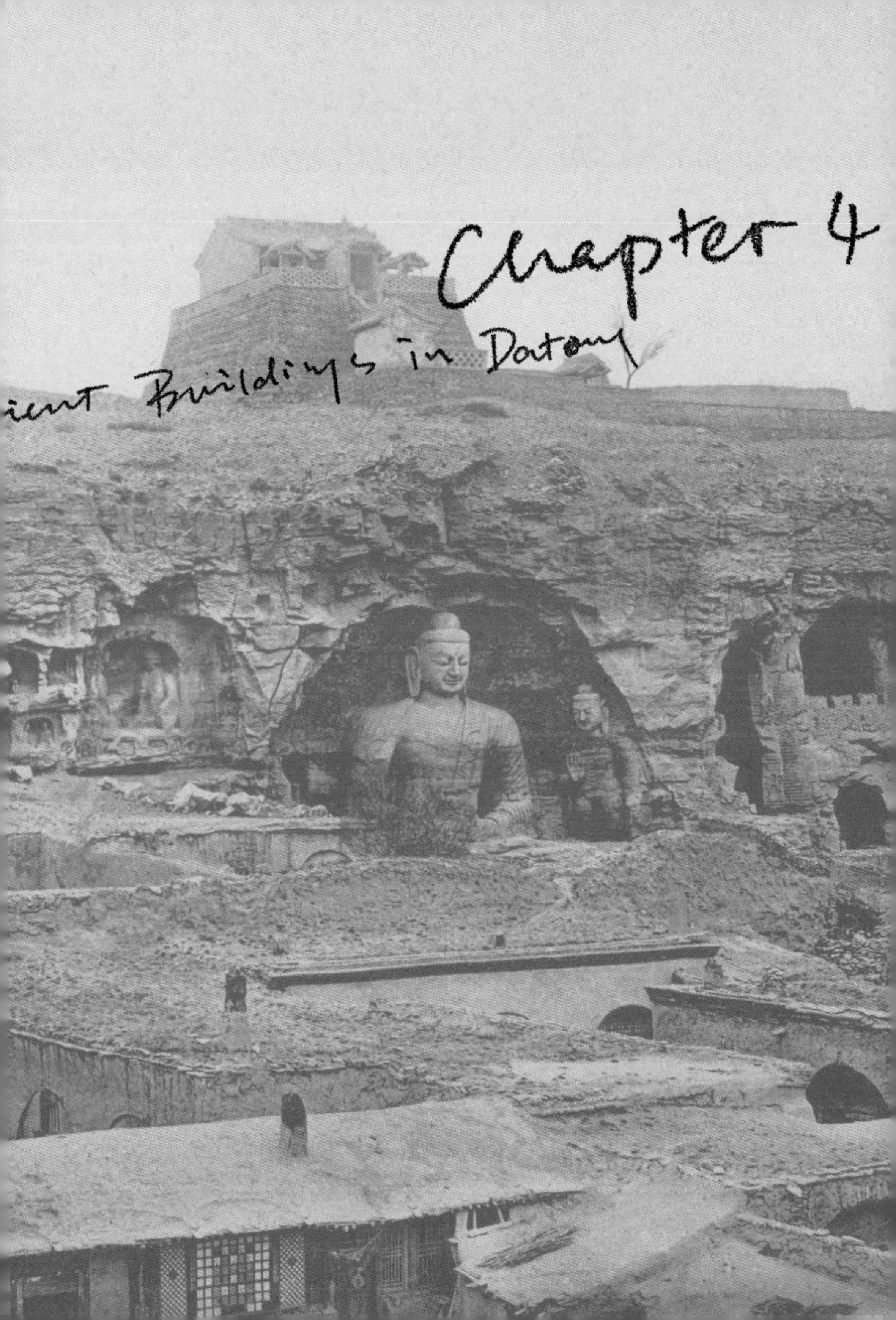

当我们还沉浸在奇妙的"悬空"之旅中时，渐晚的天色早已动起了催促我们离开的念头。不得已，我们只好马不停蹄地赶赴下一站，目的地是山西省第二大城市，也是整个山西北部的门户，它就是古代著名的军事重镇——大同。因其位于晋冀蒙三省的交界处，扼守着山西、河北、内蒙古自治区的交通要道，所以这座城市自古以来就是兵家必争之地，素有"北方锁钥"之称。大同因其重要的地理位置，曾作为北魏中期的都城，当时被称为"平城"，之后又作为辽、金时期的"中都"。在明朝时，大同又因为身处明军与蒙古残余势力交战的前线，所以大同镇连同横亘在北方边境线上的辽东镇、蓟州镇、宣府镇、山西镇、榆林镇、宁夏镇、固原镇和甘肃镇一起，构成了明代北方的"九边重镇"。再到后来清代时的大同府治，大同依然是北方重要的防御重镇，所以长久以来大同又有"三代京华、两朝重镇"的传世美誉。

甘肃镇

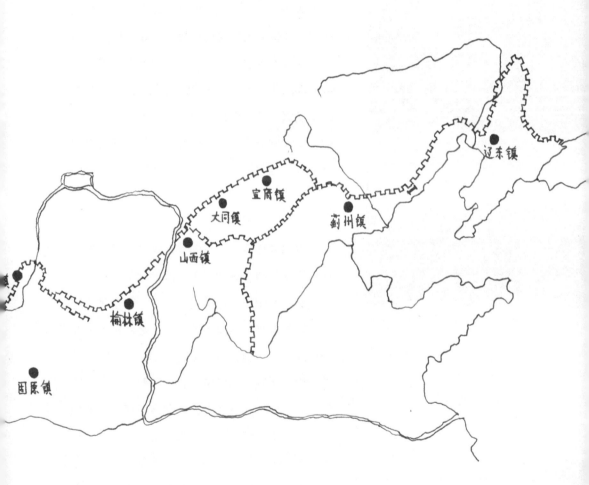

上华严寺内景

　　除了浓重的军事色彩，作为长期以来古代北方的政治、经济、文化与宗教中心，大同还保留了大量的历史文化遗迹，例如，位于大同城西享誉世界的云冈石窟，大同城中始建于辽金时期的华严寺、善化寺，还有中国规模最大的九龙壁，以及饱经沧桑的大同城墙等，它们赋予了大同非凡的历史底蕴，这是一座有着深厚内涵的魅力城市。当我们满怀期待地赶赴这座古城时，虽然距离并不遥远，但急迫的心情依然觉得路途漫长。

　　出浑源县后，一路向北走天黎高速，再转孙右高速，汽车奔驰在平坦的大同盆地中，由于大同北靠阴山，地势南低北高，一个半小时的车程其实是一路爬高的过程，路两侧的景观越往北，就更加接近内蒙古自治区。其实在其他方面，大同也与内蒙古自治区有着十分紧密的联系，尤其在方言上，大同方言属于大同包头片区，讲这种方言的人口主要分布在山西省北部和内蒙古自治区中部的一些地区。如果不是行政上的划分，当人们游走于这些地区之间，会让人感觉生活的方方面面是如此地相似。除此之外，这种现象还出现在陕西省北部的榆林

下华严寺薄伽教藏殿内三尊

市与内蒙古自治区的鄂尔多斯市、巴彦淖尔市（淖尔是蒙古语湖海的意思）等地区之间。造成这种现象的原因就是近代历史上著名的走西口运动，大量山西和陕西的人口迁移到内蒙古自治区，使得内蒙古自治区中西部地区成为山西和陕西北部的文化延伸，也正是因为走西口运动，才一举扭转了长期以来北方人口向内迁移的趋势，使得之前一直处于游牧民族控制之下的地区，第一次长久地处在农耕文明的统治之下。

自近代之后，来自海上的侵略已经完全取代了北方游牧民族的侵扰，而成为内地的第一大威胁，由此导致大同的军事作用不再像之前那样重要了，反倒是近代之后，大同源自远古的潜质，一份来自侏罗纪的礼物——地下的煤田，储量巨大且优质的动力煤激发了工业的发展。离大同越来越近，那种工矿业的气息也就愈发浓厚了。同时，就像国内许多曾建有城墙的城市一样，城市早已挣脱了城墙的束缚而向外猛烈扩张，整个城市以古城为中心，向四周辐射开来。而我们的行走路线却又逆着工业化发展的方向，向着大同的历史精华做着向心运动。驶过了大同现代的街道，我们隐约可以望见大同整修一新的城楼与城墙，那些曾经在阅读建筑史书时朗朗上口的华严寺、善化寺、九龙壁已经与我们近在咫尺了，内心不免有些激动。

眼前的城墙在修葺一新后，崭新的砖面上似乎还泛有一层白碱，对于这段曾经被视为糟粕的古城墙是应该修旧如旧呢，还是尽可能地恢复之前的原样呢，如何保护城墙的话题已经在当地引起了广泛的讨论。且不论结果如何，还是先让我们仔细了解一下大同古城墙的辉煌过往吧。在明朝开国的第二年，即公元1369年，副将军常遇春率众驱离元朝统治者，将大同纳入了明朝的版图。三年后的洪武五年（公元1372年），由大将徐达精心筹划，在辽、金、元旧城墙的基础上增筑起了一座全新的大同镇城，全新的城池体系高大雄伟，设施完备，防守严密，城墙的建筑水平达到了大同有史以来最精美的程度，在我国古代的城防建设史上也属少见。最终完工的大同城大致呈正方形，每边长达到1.8公里左右，周长约7.4公里，城墙的底部用巨大的条石作为基础，墙身内由三合土夯筑而成，外包青砖，巨大的青砖每块重达17斤左右。城墙高达14米，在跺墙之上，每隔半米又砌筑长约5米、高约0.8米的砖垛。据说共有580对垛子，代表了大同镇当时所辖的村庄数。在城墙的四边设有4座高大城门，分别是东门——和阳门，

大同城墙

南门——永泰门，西门——清远门，北门——武定门，城门上建有箭楼或匾楼，每个城门外又各有两重瓮城，瓮城上也建有箭楼或匾楼，防卫水平令人惊叹。更有甚者，四面城墙上还伫立着54座战争中用于观察敌情的望楼和96座供士兵休息的窝铺。再者，为了消除防御死角，在每边平直的城墙外围，每隔100多米就建有12座突出墙身的矩形墩台，可自上而下从三面攻击敌人，这些墩台因外观狭长而被形象地称为"马面"。数不清的马面在笔直的墙身上凹凸相间，排列颇有秩序感。此外，在城墙四角的角墩外围，远离角墩约6.6米的地方，还各建有控军台一座，面宽16.6米，纵深15米，上部架有踏板与城墙相连，控军台与四角墩之上的角楼，一同构成了城墙四角完备无死角的防御体系。其中，在城西北的角楼因其位于八卦十二方位之首的"乾"位而得名为"乾楼"。四座角楼中以"乾楼"最为高大瑰丽，它作为大同的"镇城之物"，又被称为"镇楼"，还因为它呈八角形，也被称为"八角楼"。明清大量的文人墨客曾被它优美的造型吸引而登临此楼，并留下了不少咏怀之作。最后，在城墙的外沿还修有一圈深约5米、宽约10米的壕堑，就是老百姓俗称的护城河，河上设有吊桥可连通城外。城墙的倒影映射在波光粼粼的水面上，宁静而安详，这才是古城最美的景致。

围绕着城墙环行一周，护城河、吊桥、瓮城、城楼、箭楼、月楼、乾楼、望楼、角楼、控军台等一系列军事建筑高低错落，交相辉映，这是一种普通城市难得的天际线，所以愈发显得珍贵。实际上古代的大同城并非单独的一座四方形城池，在它的南、东、北三个方向上，还各有一个自成一体的方形小城，分别被称之为南小城、东小城、操场城，且每个小城池也各自拥有独立的瓮城，这些小城与主城相距大概200米。民间传说此地曾为凤凰降落的地方，所以这大小四城的筑城格局又被称之为"凤凰单展翅"。现如今，南小城的夯土墙仍有遗存，而东小城已经没有任何痕迹了。古时如果想要进入大同城，必须先通过三个小城中的其中一个，连同大同城总计要通过六七重门外加跨过护城河的吊桥，这些严密的防守措施使得大同城无愧于"北方锁钥"的名号，是中国古代筑城史上颇具特色的重镇名城。

　　然而，就像历史上其他固若金汤的堡垒一样，它们往往总是先从内部瓦解的。就在清军入关统治中原后，归附清朝的大同总兵姜瓖，感到清政府对汉族将领们猜忌颇深，随着江南七省先后燃起了熊熊的反清烈火，早已对清朝统治者崇满歧汉政策心怀不满的姜瓖，于顺治五年（公元 1648 年）的十二月宣布反清，归附明桂王。第二年的正月，姜瓖以大同为大本营，派兵南下，攻克朔州、交城、文水等地，很快掌握了晋中各县，使反清的烈火燃遍山西全省。清廷对此十分惊恐，当时清朝实际的统治者摄政王多尔衮立即调兵遣将，遣端正郡王博洛、敬谨郡王尼堪率领大军包围了大同。但无奈于大同墙高城坚，清军攻城屡遭失败，迫不得已向清廷求援。于是摄政王亲自出征，督令清军全面围攻大同。虽然清军有"红衣大炮"不断袭城，但由于大同布防设施齐全而严密，加之军民坚决抵抗，清军围攻了大同 9 个月之久，依然没有拿下这座巍然重镇，使得多尔衮一筹莫展。最后因为长久坚守，致使城内粮尽矢绝，守将杨振威等人于十月斩杀了姜瓖及其兄弟首级，献城投降。统帅阿济格入城，恨城内兵民固守，便把羞怒倾泻在大同军民和大同城防上，竟然强令清军把大同的城墙一律削掉 5 尺，同时又进行了残忍的大屠杀，史称"大同之屠"。自此以后，大同城元气大伤，200 年过去，城墙仅存 4 座角楼、10 座城楼、21 座望楼、8 座窝铺，城高也只有十一二米，气势也远不如从前了。

九龙壁

大同古城内道路布置规整通达，连接东西、南北城门的两条大街垂直交汇成一个"十"字形，并将城区划分为四大部分，每部分内又由十字街将其分为四小部分，以此类推，次一级的十字街不断地将地块细分成四小块，这种道路系统也被称之为"四大街，八小巷，七十二条绵绵巷"。在十字形主街的每段中部都曾经建有一楼，东段中部有太平楼，南段中部有鼓楼，西段中部有钟楼，北段中部有魁星楼。而在十字主街的交点上，则建有一组由四个木牌楼组成的牌楼群，俗称"四牌楼"。据说，它们是大将徐达在"增筑"大同城墙之后，为炫耀自己的功勋而树立的。这四牌楼附近，曾经是古代大同城最为繁华的商业中心，而这些城内曾经的标志性建筑已大多损毁于近代，古迹似乎只有鼓楼硕果仅存，现如今能够见到的四牌楼已是近些年重新复建的了。

　　如果想要继续挖掘大同古城的厚重历史，还需要探访者亲自深入到大街小巷去寻找古代的遗迹，在这面积约为 3.28 平方公里的古城中，分布有佛寺、道观、清真寺、关帝庙、文庙等，以及明朝代王府遗留下的九龙壁。其中，佛寺以华严、善化二寺最为有名。梁思成先生曾在《大同古建筑调查报告》中提到"梵刹名蓝，遗留至今，有华严善化二寺，驰名遐迩"。80多年前的 1933 年，梁思成先生与刘敦桢、林徽因、莫宗江先生，由北平的西直门火车站乘车，于第二天

Ancient Buildings in Datong

早晨抵达大同，随即开始的大同古建筑调查之旅，第一站就是位于西门附近的华严寺。

华严寺依据佛教经典《华严经》"慈悲之华，必结庄严之果"的教义而命名，始建于公元1038年的辽代，由于兼具了辽代皇室宗庙的性质，所以在大同城中地位显赫。可能是因为契丹人有崇拜太阳的习俗，建筑、陵墓常有坐西朝东的习惯，故而华严寺坐西向东，布局上从东至西依次为山门、普光明殿、大雄宝殿、薄伽教藏殿、华严宝塔等分别排列在南北两条主轴线上。华严寺从辽代到元代历遭焚毁与重建，明中叶以后，华严寺分为上、下二寺，北路的上寺以大雄宝殿为中心，是我国现存辽金时期最大的佛殿之一，大殿面阔九间，

鸟瞰华严寺

华严寺门前

占地面积达 1559 平方米，坐落在 4 米高的月台
之上，单檐庑殿顶，出檐深远，用料尺寸巨大，
其中屋脊上的鸱吻是我国现存古建筑中最大的琉
璃鸱吻。九开间大雄宝殿上庑殿顶的使用，也说
明了华严寺曾经与皇室的深厚渊源。位于大雄宝

殿南侧的下寺则以薄伽教藏殿为中心，薄伽教藏殿意为佛教的藏经殿，殿内依壁有两层楼阁式的藏经柜，在大殿的后部，有一木制天宫楼阁模型，两侧由拱桥与左右壁藏凌空相接，壁藏分为上下两层，下层为经橱，上层为佛龛。龛上有木制屋顶，屋顶上椽飞、瓦当、鸱吻，与真实建筑别无二致，是中国唯一的一座辽代木构建筑模型，被梁思成先生称为"海内孤品"，珍贵程度非同一般。在殿中佛坛的诸菩萨像中，有一尊高约 2 米的胁侍菩萨像最为生动，他面带微笑、合掌露齿、体态丰盈、衣饰贴体，堪称极品。清初华严寺又遭战火，只有大雄宝殿和薄迦教藏殿幸存，之后陆陆续续又补建了其余各殿，但规模和气势已远不如从前了。

在大同城南，还有一座历经千年的名刹，也是我国现存最为完整的辽金寺院，它就是始建于唐代的善化寺。善化寺兴建之初名曰开元寺，五代后更名为普恩寺，明正统十年（公元 1445 年）更名为善化寺，当地民众俗称为"南寺"。寺院坐北朝南，在中轴线上依次有四大天王把守的金代山门和供奉有释迦牟尼、文殊、普贤菩萨的金代三圣殿。走进最后一进院落中，辽代遗构大雄宝殿坐落于高台之上。大殿面阔七间，进深五间，是善化寺最大的殿宇，殿内佛台供奉有五方佛像，从东往西依次排列有东方阿閦佛、南方宝生佛、中央毗卢遮那佛、西方阿弥陀佛、北方不空成就佛，在东西两侧的砖台上还置有二十四诸天塑像，

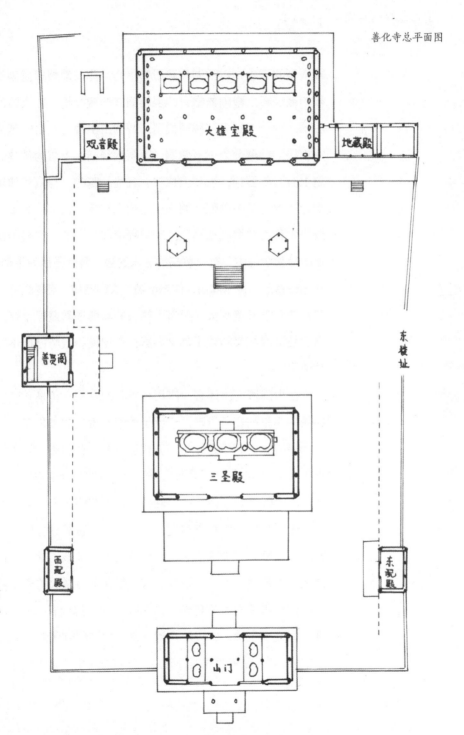

善化寺总平面图

大雄宝殿

观音殿

地藏殿

善贤阁

三圣殿

西配殿

东配殿

东楼址

山门

善化寺山门

他们有男有女，有老有少，有文有武，神态衣着各异，生活气息浓郁，鲜明的个性富含感染力，堪称国宝级的塑像群。在大殿前方，东为文殊阁遗址，西为金代修建的普贤阁，内有楼梯古时可登临远眺。纵观全寺，整体布局层层高起，构件粗犷豪放，众多辽金遗构汇集于一处，使得善化寺唐韵犹存，仿佛时间依然定格于那个年代。

辽代建筑承继唐代风貌，相比起同期受南方影响、偏向秀丽的北宋建筑，辽代建筑继承和保留了更多北方晚唐建筑的特点。其实，在大同高高的城垣内，佛教寺院并不止华严、善化两寺，还有法华寺、圆通寺等，出现如此密

集的佛教寺院群有赖于大同曾经作为北魏时期北方佛教的中心。北魏一朝的建立者是曾经游牧于大兴安岭地区的鲜卑族拓跋部，东汉时，匈奴人败走西域后，拓跋部趁势西迁而进入了曾经北匈奴的领地，之后部落又逐渐南下，迁居到盛乐一带（今内蒙古自治区呼和浩特市和林格尔县），与中原的曹魏、西晋发生往来，虽然这时拓跋部仍为松散的部落联盟，但通过周边的农耕文明也开始频繁地接触到了佛教思想。至公元 386 年，部族首领拓跋珪趁前秦四分五裂之际，先重建代国，定都于盛乐，后又改代为魏，自称魏王。公元 398 年，魏王拓跋珪将都城由盛乐迁往平城（大同市），正式定国号为魏，史称北魏，并改称道武帝。直至公元 493 年孝文帝拓跋宏迁都洛阳前的 90 余年中，大同作为北方统一国家的都城，在一定时期承担着北方政治、经济、文化中心的作用，吸引了来自北方各地的民众，这其中便不乏众多佛教高僧，诸如侍奉道武帝和明元帝的道人统（最高僧官的称谓）法果，文成帝时期的道人统师贤、沙门统（道人统后改称沙门统）昙曜等。在他们的影响下，北魏皇帝开始崇信佛教，法果提出了"皇帝即当今如来"的思想。在相互利益的驱动下，统治阶级和佛教集团互相依靠，佛教在北魏皇室的保护下开始兴盛起来。虽然其间经受了太武帝的灭佛事件，但文成帝即位后立刻复佛，且发展势头更甚于前朝。在此背景下，沙门统昙曜推动开凿了举世闻名的云冈石窟。

云冈石窟位于大同西部 17 公里外的武周山南麓，当我们驱车前往时已近午后，冬日的阳光斜落在米黄色的砂岩上，显得金灿灿的，并不高大陡峭的山岩却正适合石窟的开凿。站在武周山上对于鲜卑人来说似乎有种神奇的力量，他们凝视北方，思绪早已越过阴山，跨过戈壁，游牧民族的灵魂似乎瞬间回到了漠北的故乡，怀念祖先的迁徙之路。那是一条用血肉之躯铺砌的寻找先进文明的千年之路，在此修建佛窟似乎是对祖先的遥祭，也是在向世人灌输着君权神授的思想。

云冈石窟的开凿从文成帝和平初（公元460年）起，直至孝明帝正光五年（公元524年）止，前后持续了60余年。石窟东西绵延1公里，存有主要洞窟45个，大小窟龛252个，石雕造像51000余尊，是我国新疆以东最早出现的大型石窟群（我国最早的石窟群是新疆的克孜尔石窟），与敦煌莫高窟、洛阳龙门石窟和天水麦积山石窟合称为中国四大石窟。石窟原为印度的一种佛教建筑形式，由于佛教提倡遁世隐修，所以僧侣们在幽僻的崇山峻岭之中开凿石窟，供自己修行之用。印度的石窟，平面布局大致呈方形，周围有一圈石柱，再于石窟内的三面石壁上开凿小窟，以供僧人们日常修行打坐之用，窟外还有柱廊。我国的石窟起初模仿于印度的石窟形制，在经历了本土化的发展之后，形成具有我国文化特色的中国模式，其中云冈石窟就是典型代表之一。

云冈石窟的佛教艺术按石窟形制、造像内容和样式的发展，可分为早、中、晚三个时期。早期的石窟就是在沙门统昙曜推动之下开凿的5座石窟，编号16—20窟，窟中主佛像模仿了北魏道武、明元、太武、景穆、文成五世皇帝的形象，向世人传递了北魏皇帝

大同的古建筑
Ancient Buildings in Datong

云冈石窟前景

第 1 窟、第 2 窟内的塔

便是如来佛的化身，这 5 座石窟也被称之为"昙曜五窟"。石窟平面呈现为马蹄形，上部为穹隆顶，窟内佛像面庞圆润，高鼻深目，双耳长垂，面带微笑，显然受到了古印度犍陀罗、秣菟罗艺术的影响。其中第 20 窟的主佛是云冈石窟中最有名的大佛，俗称露天大佛。石窟的前壁与部分穹顶早已坍塌，使得藏在石窟内的大佛完全暴露在外了。站在窟外的平台上，远观大佛，盘坐的腿部风化严重，已无法辨别出形状；大佛上身左肩着袈裟，袒右肩，稍覆衣角，衣边饰有联珠纹，袈裟下面穿僧祇支（内衣）；身后的墙壁上有火焰背光，众多小佛簇拥着大佛，飞天手持乐器，凌空飞舞。一切都围绕着窟中的主佛展开。这种雄浑的场面表面上烘托了主尊无与伦比的地位，实际上暗自显露了帝王至高无上的权威，这才是北魏皇帝不遗余力支持石窟开凿的原始动力。第 20 窟大佛所展现的艺术特征也是早期云冈石窟特点的主要代表之一。在此之后随着国力的提升，北魏进入了一段兴盛时期，皇家召集全国最优秀的能工巧匠，进而开创了云冈石窟最为富丽堂皇的时代。中期的石窟大多呈长方形，有的为中心塔柱式，也有的为前后连通式。窟内的内容表达呈现复杂

第 20 窟坐佛

化，人物形象也添加了护法天神、伎乐天、供养人行列等，突出了释迦佛、弥勒佛的地位，流行释迦、多宝二佛的并坐像；佛像的面容也更接近中土人士，圆润适中；在衣着方面，出现了领子低垂，胸前系宽大带子，有点类似于汉族士大夫服饰的褒衣博带式袈裟。石窟发展至此，已经由从前的融会贯通走上了改革创新的独立道路。石窟艺术的中国化即将形成，华丽精美是这一时期的主要特点。直至孝文帝迁都洛阳之前，这里的皇家石窟造像均已完成，其中第1、2窟，第5、6窟，第7、8窟，第9、

第 3 窟内的佛像

10窟，第11、12、13窟以及未完工的第3窟都是这一时期的代表作。

穿梭于这些时大时小的石窟之间，不知不觉柔和的阳光已经可以照射到某些佛窟当中，太阳把一天中最后的光明给了我们这些晚到的访客，她照亮了这些屹立千年的佛陀面庞，也将反射光均匀地撒在了整个穹顶之内，人们仿佛是来到了金色的佛国殿堂，而在微妙的光影变化中，佛像上细微的纹理脉络同时也一展无遗，在这晴朗的斜晖下，整个云冈石窟展现了她最完美的一面。就像此时的夕阳，虽然不是一天中最耀眼的时刻，但依旧光照夺目。在孝文帝迁都洛阳之后，皇家造像虽然终止了，但中下阶层的造像之风却悄然兴起。在云冈石窟从东往西的崖面上，分布了大概200多座小型石窟，它们大多以单窟形式出现，窟中佛像面庞消瘦、长颈窄肩，清新典雅的"秀骨清像"是这一时期的典型特征，也是当时北魏推行汉化改革的艺术反映，对之后我国石窟艺术的发展产生了深远的影响。

精绝的云冈石窟陪伴着大同城走过了将近1500年的时光，在这片晋北多民族融合的大地上，在佛教信仰的感召下，集合了众多文明的智慧，终于在北方少数民族建立的国家中孕育出了文明之果。虽然鲜卑、契丹、女真等族轮番走上了历史舞台，但舞台之上文化融合的基调却始终未曾改变。身在舞台中央的大同，汇集了北魏的古窟、辽金的古寺以及明清的古城，这些历史建筑及其沉甸甸的文化积淀足以使这座古城享誉四海。

Chapter 5

Historical Reflections at Shakyamuni Pagoda

第五章

释迦塔下引追忆

在大同盆地的南端，地处山西省朔州市东部的应县，这里河渠纵横，一马平川，在平坦的大地上保存有一座古老的木塔，它建于辽清宁二年（公元1056年），再有30多载就1000岁高龄了，它就是应县佛宫寺释迦塔，是我国现存最古老的木结构楼阁式塔，塔高67.31米，也是世界上最高的木塔。当我们从二广高速转210省道进城，在高起的路基上远观整个应县，释迦塔仿佛以其庞大的轮廓主宰了这座盆地边缘的小县城，城市中其他的一切仿佛都被笼罩了。远处霭霭薄雾，木塔的细节未能一眼望穿，好在搭乘的汽车在急速地抵近中，此时此刻，这种急切盼望与欲罢不能的感觉在调查的路途中已然成为一种常态，不知梁思成先生当年双脚徒步或者仅仅搭乘畜力交通奔赴调查对象时，这种可望而不可及的感觉是否会更强烈些呢？

望着远处的"庞然大物"，脑海中快速地检索着应县的有关信息。纵观整个应县的地位，它既不是地区经济的中心，也非雄震边关的军事重镇，为何会在此处出现一座北方巨刹呢？这要从建寺的辽兴宗仁懿皇后说起。兴宗皇后肖氏是应

钟楼与释迦塔（左）
从牌楼内看释迦塔（右）

州人士，肖氏一门除仁懿皇后外，她的姑姑，还有
她的表妹先后嫁给了辽圣宗、兴宗与道宗三位皇帝，
一门出三后的显赫地位，外加肖氏男丁中还有着三
王的累世功勋。在巨大的家族荣耀前，笃信佛教的
仁懿皇后决定在她的出生地——应县修建一座高大
的佛塔。在内蒙古自治区巴林右旗辽庆陵出土的《仁
懿皇后哀册》中，也曾提到仁懿皇后"建宝塔而创
精蓝百千处"的信息，从这个角度讲，应县佛宫寺
似乎更像是一座肖氏家庙。此外，应县当时处于辽

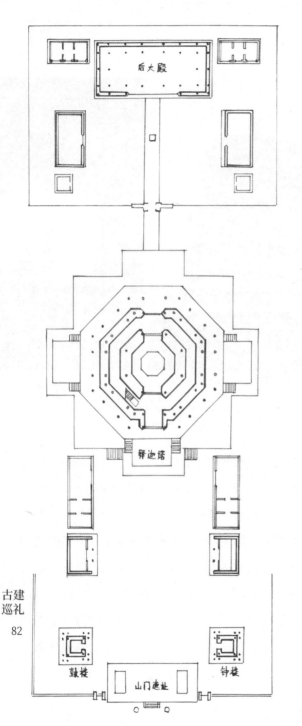

后大殿

释迦塔

鼓楼

钟楼

山门遗址

佛宫寺平面图

宋两国在山西境内对峙的前线，是辽帝国西南的门户。由于这里地势平坦，一马平川，一座可以登高料敌的制高点具有极高的军事价值，所以应县木塔的修建定是得到辽兴宗及整个辽帝国的支持。

佛宫寺位于应县城北，寺院以释迦塔为中心，属于早期"前塔后殿"的佛寺布局，中轴线上木塔前方的山门，配殿和后方的正殿、配殿均为清代建筑，因此辽代的木塔是整个佛宫寺的精华所在。木塔平面八角形，内外两圈柱，底层出一圈"副阶周匝"（即塔身外围包绕一圈有屋檐的外廊），全塔自下而上由砖石台基、木构塔身、砖砌刹座、铸铁塔刹四部分组成，外观显5层，内还有4层暗层，实则9层。在近1000年的风霜雨雪中，释迦塔遭遇过多次地震与战争的侵害，年代较近的战争有1926年冯玉祥与阎锡山部队在此爆发的大战，木塔共计中弹200余发；还有1948年的解放战争，国民党军队以木塔为制高点设立了机枪阵地，木塔又被12发炮弹击中。虽然伤痕累累，但木塔依然耸立在这片神州大地上，充分显示了木塔结构的坚固，更让人惊诧的是释迦塔未曾使用一根铁钉，全由榫卯结构连接，更充分展示了我国古代劳动人民的聪明才智。

佛宫寺面积不大，在走遍了寺院各处后，我们又回到塔下，由顺时针观塔而行，终于可以不受薄雾的影响，释迦塔的每一处细节尽可收入眼底了。在环绕一周后，意犹未尽，于是决定像信徒礼佛一样转塔三周。在古代的印度，据说佛教始祖释迦牟尼去世火化后，其舍利由当时古印度的八个国王分取，并建造了八座坟墓来供养。这种供有舍利的坟墓，梵文称为"Stupa"，巴利文见"Thupo"，传入我国后，曾被音译为"窣堵坡""塔婆""浮图"或"浮屠"等，由于是用来珍藏舍利和供奉佛像、佛经的，亦被意译为"方坟""圆冢"。直到隋唐时，"塔"字被创造出，此后一直沿用至今。自从塔出现后，凡是佛教徒死后，其骨灰多放在塔内，随着佛教的日渐兴盛，佛塔也如雨后春笋般日益增多。后来，塔还用来保存高僧的遗物，有的还用来供奉佛像或者佛经，使塔又增加了纪念价值。由于各地造塔成风，舍利和高僧的遗物供不应求，于是佛教又明确规定，如果没有舍利和高僧的遗物，可用金银财宝充当舍利埋葬，这就大大提高了佛塔的价值，这也是后来"宝塔"一词的由来。印度的窣堵坡是由台座、覆钵、宝匣和相轮四部分组成的实心建筑物，覆钵为主体，整体形象犹如一个倒覆在地上的钵子，舍利就存放在钵上的宝盒内，宝匣上是宇宙之树，由竿和三层圆形伞状华盖构成，这就是相轮的原型。窣堵坡形体极为古朴简洁，犹如一个半球体的建筑物，与后来我国高耸的塔外形大不一样。

佛塔在传入我国后，融入了我国的文化元素，并在新的建造方式下展现出别样的外形样貌，依照佛教传播路线的不同，佛塔大致形成了三种发展模式：第一种是汉传模式。自东汉时期，佛教传入我国中原地区之后，佛塔建筑便不断地吸收、融合了中原文化，继而在之后的岁月里完全被汉化了，这一模式下诞生了我国最多的佛塔类型，其中有楼阁式塔、密檐式塔、亭阁式塔（单层塔）等，它们数量众多，造型也最丰富，是佛塔传入我国后的发展主线。第二种是藏传模式。公元 7 世纪，南亚次大陆的佛教越过了喜马拉雅山脉后，与我国西藏当地的文化相融合，形成了藏传佛教，藏传佛教在尼泊尔佛塔的基础上，改良形成几种全新的佛塔类型，即喇嘛塔（白塔）和金刚宝座塔。它们外观奇特，造型优美，浑身散发出一种异域的神秘感。随着藏传佛教在内地的广泛传播，她们美丽的身影也常见于汉族地区，因此，它们也成为仅次于汉式佛塔的第二大塔系。第三种是南传模式。就是通常我们所说的小乘佛教地区，但小乘佛教信徒并不喜欢这一称谓，那我们就称其正式的名称——南传上部座佛教。这一系佛教的传播通过中南半岛的泰国、缅甸等国传入我国西南部的傣族聚居区，融合了当地的文化特点形成极具民族特色的佛塔，但此类塔数量极为稀少，只局限于云南省西南部的一些地区。纵观这三种模式，无一不是在塔的原型基础上，对塔的建筑形式和装饰艺术进行了中国化的改造，一方面说明了外来佛教文化在我国大地上的强大适应力；另一方面，只有得到我国人民接受的文化，并按照我们的欣赏习惯进行改造的文化，才是具有生命力的文化。

其实不止佛塔发生了翻天覆地的变化，就连寺院的平面布局也得到了某种中国化的改造。早期的汉传佛寺布局模仿于印度，塔位居佛寺的中央，塔内藏有舍利，是统摄寺院一切的主体，这一时期佛法活动主要围绕着佛塔展开。例如，在东汉时期（公元67年），都城洛阳建造了我国第一座佛教寺院——白马寺，寺里也同时建造了我国第一座佛塔，这座木结构的佛塔更像是我国传统的楼阁式建筑与印度窣堵坡相结合的产物，佛塔居于寺院中心，供僧徒礼拜，但可惜年代久远，实物早已损毁。此外还有建于公元516年的北魏洛阳永宁寺，又是一座以佛塔为中心的佛寺，专供皇帝、太后礼佛。据记载，寺中塔高40余丈，合现今136.71米，如果再加上塔刹，通高为147米左右，它是我国古代最雄伟高大的佛塔了，据说在百里之外都能见到。虽然佛塔早已不复存在，但残存的巨大塔基依然能够再现曾经的雄伟气势。当佛寺继续发展到唐代，可能是因为室外进行佛事的诸多不便，寺院寻求着在中心另建一处大殿，其内供奉佛像并进行佛事活动，这一时期出现了塔、殿并列的格局。后来，供奉佛像的佛殿渐渐代替了佛塔成为寺院的中心，而佛塔则不那么重要了。再之后，塔似乎只成为寺院的一种附庸，出现了前殿后塔，有殿无塔，双塔相对（例如福建泉州开元寺双塔），三塔相伴（例如云南大理崇圣寺三塔），甚至还有僧人同葬的塔林（例如河南登封少林寺塔林）。最后，随着佛教的大规模普及，许多普通寺院甚至直接利用民居改造而来，只设佛堂便可满足日常的佛事需求了。千百年中这种寺院布局的改变，是伴随着礼佛对象由塔中的舍利，高僧的遗骸、遗物等，渐渐地转变为佛像的过程，同时也是佛塔的墓冢功能更多地向象征功能的转变。

以汉传佛塔对比窣堵坡为例来讲述一下塔刹、塔身和台基的变化：在我国佛塔的顶端，都有一小段细直的塔刹，它既起到了装饰作用，又具有极强的象征意义。许多塔刹就好似一座微缩的窣堵坡一样安置于塔顶的基座上，塔刹除了缩小的覆钵、宝匣、相轮、宝珠和宝瓶之外，还加入了仰莲、露盘、山花蕉叶、仰月等中国元素。使用莲花做装饰通常取其出淤泥而不染的气质，与佛教所主张的不受现实世界秽土的污染有着天衣无缝的契合；露盘为古代承托甘露的构件，古代认为甘露可以延年益寿，通常露盘与覆钵连为一体，成为刹座的一部分；山花蕉叶则由我国坡屋顶建筑的屋脊演化而来，通常为单层或双层；还有仰月，佛教中用明月行空代指佛性本自清净。其实，各地依照对佛教认知的不同还曾加入了一些其他中国元素，每当我们近观一座古塔，不会见到完全一样的塔刹，正是由于这些中国元素的加入不仅美化了塔顶的样貌，丰富了塔刹的样式，而且也为佛塔注入了中国对于佛教的多种理解。

平时，当我们举目欣赏一座佛塔的外观时，实际上最抓人眼球的便是中部的塔身，塔的高矮胖瘦、比例造型多由此段决定。当窣堵坡的覆钵、宝匣、相轮等均已化身为高高在上的塔刹时，曾经低矮的台座部分也被中国传统的高层楼阁所替代。古代的中国人始终相信神仙居住在遥远的云端，就好比将寺院建造于高远的名山之上，高大挺拔的佛塔同样可以拉近与天神的距离。由于塔身的不同，分别演化出我国最主要的三类型佛塔，其中又以楼阁式、密檐式为最多。早期佛塔的平面一般以四边形为主，宋代以后逐渐向六边形、八边形过渡，塔身的层数也以7—15层为多，按古印度佛教的制度，佛塔的层数应与塔的相轮数相等，若按佛教真谛三藏《十二因缘经》的规定印度佛塔的相轮是双数。但佛教传到我国之后，受到了本土阴阳五行学说的影响，以及在吸取了其他各种思想的精华后，确定了我国佛塔层数都采取奇数的建造规则。

在我国的塔中，高大挺拔的楼阁式塔就好似节节高起的竹子一般深入人心，塔身内部大多设有上下通行的楼梯，供人们登临远眺。楼阁式塔身依材质的不同主要有木质、砖木混合、砖石混合几种。全木结构的如今只剩下佛宫寺释迦塔一座。砖木混合中又分两种，一种为砖砌外壁，内部为木质楼层结构，例如古都西安的大雁塔；另一种依然为砖石塔壁，但从中楔入木梁木枋，并向外挑出木结构的

开元寺料敌塔东面
（修复前）

倒塌前的杭州雷峰塔

陕西西安大雁塔

塔檐、平座、栏杆等，形成飞檐挑角的造型，例如钱塘江边的杭州六和塔。最后是砖石混合的，即其内部中心建有一根从下至上砖石砌筑的中心塔柱，中心塔柱与每层的砖石塔壁、楼板、屋檐等互相搭接，形成稳固性极好的统一整体，这种砖石混合的楼阁式塔由于结构的限制，已经无法设置外挑的回廊，甚至限制了开窗的大小，极大地影响了观景效果，但优良的结构形式可以使塔建得很高大，例如我国现存最高的塔——河北定县料敌塔就是砖石混合塔，塔高84米。楼阁式塔在全国范围都有分布，但总的说来南方要比北方稍多一些。

除了楼阁式塔以外，密檐式塔以其层层相叠的密檐，雄壮伟岸的轮廓同样使人过目不忘，密檐式塔最重要的特点就是塔身中部那层层递收的密檐。这种塔肇始于北魏，当时北魏大臣崔光认为佛教崇拜是佛塔的第一功能，密檐式塔虽然弱化了登临功能，但却被赋予了多层的含义，于是一种具有我国特色的密檐式塔逐渐形成。由于密檐式塔一般不能登临，所以塔身通常用实心的砖石填充。隋唐时期的密檐式塔平面大多为方形，但之后就像楼阁式塔一样，八边形逐渐代替了四方形而成为发展的主流，明清时期则很少再建造密檐式塔了。密檐塔在我国北方比较多见，它们普遍的造型特点是台基上建有一段须弥座，再以莲座承托上部的塔身，在莲座与密檐之间，还有一段塔身每面雕有假门窗，门窗两侧有门神拱卫。在此之上，檐口层层堆叠，大都相距很短，檐口下部表面上用仿木结构的砖斗拱支撑，但实际上斗拱并不起结构作用，而是依靠层层砌筑的砖向外挑出。后期的密檐式塔上下檐口收缩不大，轮廓线条缓和，富有节奏，但早期的密檐式塔，例如我国最古老的密檐式塔——嵩岳寺塔上下檐口收缩明显，侧面曲线犹如一条优美的抛物线，造型更接近于印度的窣堵坡。嵩岳寺塔不仅是我国现存最早的砖塔，也是唯一的一座十二边形的塔，珍贵价值不亚于释迦塔。

最后，还有一种亭阁式塔，也叫单层塔，这种塔几乎

嵩岳寺塔细部

河南登封嵩岳寺塔（上）
山东历城神通寺四门塔（下）

与楼阁式塔同时出现，亭阁式塔顾名思义塔身为单层的亭子状，有的在塔顶加建一小阁，塔身内常设有佛龛。由于亭阁式塔建造简单，所以在我国南北朝和唐代曾经盛极一时。宋代以后亭阁式塔逐渐衰落，现在留存下来的一般多是隋唐时期的墓塔。亭阁式塔的平面以四方形居多，六边形和八边形的也有少量留存，建造的材料以砖石为主，塔身一般不做豪华的装饰，显得较为古朴简洁。例如建于隋代的山东历城神通寺四门塔，是我国最古老的亭阁式塔了。

以上这些种类丰富的塔身，几乎构成了我国汉传佛塔的全部样式，它们中楼阁式的塔身，轻盈秀丽；密檐式的塔身，刚劲挺拔；还有亭阁式的塔身，古朴简洁。虽然他们各有特点，但似乎塔基部分大都低调了许多，并且完全中国化，看不到什么窣堵坡的影子了。有的塔基修建得十分简单，只用砖石等砌筑起一座高台并将塔身置于其上。有的则是一座较为华丽的须弥座，"须弥"本为梵文名，原指古印度传说中的神山，据说它位于世界的中心，周围有咸海环绕，佛经中描绘的四大部洲——东胜神洲、西牛贺洲、南瞻部洲、北俱卢洲就散布在这座须弥山的外围。在佛教建筑中，须弥座被视为须弥的象征，经常作为佛或菩萨的基座，表示神圣、坚固的意义。用于佛塔之上，也出于这个目的。目前已知最早的须弥座实例见于北朝的石窟，只由几条简单的叠涩和较高的束腰组成，没有多少装饰。须弥座发展至清代以后，形式趋于固定，由上枋、上枭、束腰、下枭、下枋和圭脚构成，上下大致以束腰处为对称，侧面轮廓呈一"工"字型，给人感觉既稳重，又不显呆板。须弥座雕饰大多使用植物或者几何纹样，清新却又不失华丽。

印度的窣堵坡这一建筑形式在传入我国后，与中华民族的文化紧密地结合起来，最终跨越了窣堵坡古拙的造型，发展出了千姿百态的中国式塔。就像那多样的外形，塔的功能也不仅局限于供奉舍利、遗骸或佛像、佛经等，入乡随俗的塔还扮演着登高望远、料敌警戒、振兴文运、调节风水等角色。即使是塔最原始的功能——供奉舍利也在悄悄发生着变化，这就要提到佛塔中最神秘的部位——位于塔基之下的地宫。在佛教传入中国之前，古印度窣堵坡存放舍利的石函通常在塔基面以上。但在传入我国之后，深受我国"入土为安"的丧葬思想影响，舍利开始被埋入地下。早期的佛塔没有地宫，直接把舍利石函埋在塔基的夯土中，直到唐代以后，参照帝王贵胄的墓室形制才发展出之后的佛塔地宫。地宫的大小、形制并没有统一的规定，类比皇家的墓室结构，主要由甬道、前室、中室和后室组成，地宫内的石函中藏有的舍利既有真的佛骨，也有以金、银、玻璃等制作的人工舍利，这些都是真身舍利。例如目前我国已知最大的佛塔地宫——陕西宝鸡扶风县法门寺地宫，它的发现颇有戏剧性。在1981年一个雷电交加、狂风骤雨的夜晚，法门寺真身宝塔年久失修，在雨水的浸泡下突然开裂，地基也出现了大面积坍塌。就在人们勘验现场时，一个洞口吸引了人们的注意力，里面的文物清晰可见，就是这样一个偶然的事件，引出了一个佛

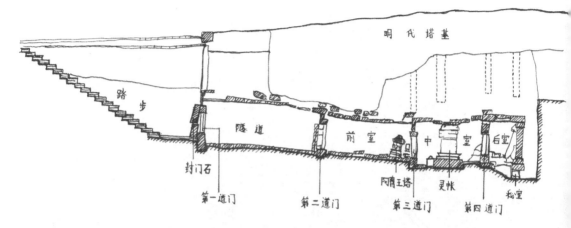

法门寺地宫剖面图

教界的惊天秘密。当时考古人员从地面通过一段甬道走进了地宫，甬道的尽端是一对雕有精美菩萨像的石质门扇。进门后，地面上堆满了摆放整齐的丝织品，尽管历经了漫长的岁月，但这些丝织品依然能够看出当初的华美金贵。在这间前室的尽头，一座汉白玉石塔静静地伫立在一角，这座后来被称之为阿育王塔的汉白玉石塔，高约 80 厘米，四面彩绘浮雕特别精美，塔刹、塔身与塔座一应俱全。走过这间前室，又有一道石门横亘于眼前，打开后，方形的空间中央，摆放着一顶白玉灵帐，灵帐中竟发现一枚舍利，虽然那是一枚玉质仿制品（影骨），但依旧珍贵无比。接连在前室和中室中发现了价值连城的珍宝后，人们对中室后部的房间充满了期待，当打开最后一道大门的时候，后

释迦塔剖透视图

Historical Reflection
at Shakyamuni Pagoda

室的情形令人震惊了，里面摆满了宝物，这些宝物都围绕着后室北壁正中的一个庞大的金色宝函，那沉甸甸的宝函里套着一重又一重的宝函，每一重都是珠光宝气的贵金属宝函。直到第七重，是一个小的金质四角攒尖亭子，打开后，金座上有一根白色的管状物体（玉质），隐匿了1000余年的舍利终于出世了。当舍利重见天日的那一刻，正好是农历四月初八，佛祖的诞生日，其中的机缘巧合让人倍感意外，之后，又在地宫中陆陆续续发现了2枚舍利，其中的1枚掩藏在后室底下的密龛内，经专家鉴定被认定为佛祖真身舍利，也被称为灵骨，其他3枚为影骨。当人们凝视这4枚佛指舍利时，仿佛可以看到佛祖慈祥、温和的容颜，看到他普度众生的背影，2500年来如同一盏永不熄灭的智慧之灯，照亮了众生迷茫的航程。

庄严的地宫仿佛是宗教生命的根植所在，它除了保存佛骨舍利，其内一般还保存铭刻佛塔历史的志文碑，地宫就好似是塔的一座"档案馆"，有些佛塔即使已经倒坍，但其地宫中所详细记载的文字史料，依然可以让我们知晓这座塔的往昔。例如河北正定天宁寺的凌霄塔，地宫内曾经出土过两件刻铭，它揭示了在建凌霄塔之前，原有一座始建于唐朝的慧光塔，塔毁坏后，又在慧光塔的基址上新建了现在的凌霄塔。

当我们再次回望眼前的这座木塔，不禁感叹木塔外观雄壮华美，古朴而又端庄，那是一种来自皇族的气质，一种北方旷达的气度。再看那腰檐、平坐有节奏地将塔身分为几段，同时产生了强烈的韵律感。层层向内递收的塔身不仅弱化了敦厚的体量感，而且取得了总体轮廓的恰当收分，同时，还强化了全塔的透视效果。屋檐与平座下的斗拱变化多端，轻盈通透，与立面上的格子窗相呼应，构成了中国古建筑所独有的光影感和结构美，进一步丰富了塔身的华美程度。此外，塔的立面设计还存在着某种类似于西方古典建筑的尺度关系，塔的总高恰等于中间层外槽柱内接圆的周长，塔的台基面至刹顶的高度恰等于第三层面阔的 7 倍，显现出立面构图的严谨。

从南侧登上两层高大的石台基，透过两扇巨大的板门，可以见到一尊高约 11 米的释迦牟尼像安坐于莲花台上，首层由于厚重的实墙环绕，内部光线昏暗，板门前出，设于外檐柱处，不仅巧妙地突出了入口，而且扩大了入口空间。平面上内外两圈柱的布置形式，正好满足了佛事的需要，内环空间内供奉佛像，内外环回廊间供信徒环行礼佛，中央的顶部设有一巨大的八角形藻井，此外，一层还有楼梯可通达第二层，但出于保护木塔的需求，上部空间已经完全封闭了，一探究竟的愿望已然落空。虽然在近几年的古建筑考察中这样的状况曾多次出现，但每次依旧愤恨没能早些年前来探访。据说以上四层层高较矮，但光线明亮，由下至上逐层供有一佛四菩萨，四方佛，一佛两菩萨二弟子和一佛八菩萨像。这种垂直分层布置佛像的方式有专家考证可能是将坛城分解为上下五层排布于一塔内。每层佛像虽小，但减轻了塔身的负荷，据说这些佛像的高度还曾考虑过人们观佛的适宜角度，可见当时建造者细致入微的态度颇具匠心。

虽然无法登临，心中小有遗憾，但一想到这样将不再惊扰到木塔，内心也趋于平静，退出木塔后，径直向着南方走出，回眸再看这座我国唯一的楼阁式木塔，既然其他楼阁式木塔早已消失在历史的长河中，它却依然幸运地屹立了近 1000 年之久，想必释迦塔定有其出类拔萃的建筑设计。经现代科研人员的研究，释迦塔八角形的平面比正方形的平面减少了 5% 的风压，有利于抵抗风的侧推力；底部外廊的使用，使塔呈现出下大上小的结构形式，有利于高宽比的稳定；还有内外两圈柱的平面形式，好似现代高层建筑的筒中筒结构，大大增强了塔身的整体刚度。此外，还有"秘密武器"隐藏在那四层暗层当中，暗层中的立柱与斜撑紧密地连接在一起，构成了四圈坚固的刚性环，再配合明层的结构，一同构成了一套完整的框架体系。再看立面，门窗的设置也颇为讲究，原来塔的二至五层仅在四个正面当中开辟出一扇格子门，其他部位全用灰泥墙，墙内加以斜撑连接。但在 1935 年重修时，拆除了各层的灰泥墙与斜撑，全部改为格子门，虽然塔内变得亮堂许多，但斜撑拆除后十余年，塔身便发生了扭动，这种鲁莽的改动实在让人唏嘘不已，好在承受荷载最大、稳定柱网的底层砖土墙依然还在。最后，塔内楼梯的位置为了考虑到塔

释迦塔

身结构的需要，采取逐层移位的方式，避免了同一位置垂直重置带来结构减弱的不利影响。

总的说来，释迦塔使用了众多小的木构件组合代替整段的大木构件，构件之间再通过榫卯连接，形成一个刚柔相济的整体，这种连接方式有着巨大的耗能作用，减震功效明显，虽然建成于近 1000 年前，但依然值得后世的我们仔细研究。

释迦塔上挂满了匾额，正立面从上到下，依次有"峻极神工""天下奇观""释迦塔""天宫高耸""正直""天柱地轴"和"万古观瞻"，其中竖匾——"释迦塔"悬挂于金代，是年代最久远的一块匾额，而"峻极神工"和"天下奇观"则来自两位明朝皇帝的亲笔御题。公元 1423 年，明成祖朱棣第五次征伐鞑靼胜利后，班师途中路过应州，登临木塔后，豪情勃发，挥笔写下了"峻极神工"四个字。其中"峻极"是描写木塔高峻异常，"神工"则形容了木塔设计的巧妙，字里行间不仅颂扬了木塔的鬼斧神工，同时也有赞美自己文治武功的目的。95 年后，明武宗同样与鞑靼大战于应州境内，并取得大捷，为庆祝胜利，明武宗登上木塔，即兴写下了"天下奇观"四个字。除此之外，其他匾额或出自地方官员，或出自朝廷高官，正面与其他立面上总计有 48 面匾额和楹联，它们有的叙事绘景，有的写意抒情，内容寓意深远，书法各有千秋，集中在一起就好似一座历代书法的博物馆。

1934 年，梁思成先生在去应县木塔考察之前，在一份日本考古报告中看到描述山西一座建于 11 世纪的木塔——"应州塔"，随后梁思成先生在北平图书馆中查阅了所有关于应县的资料也没有找到一张应县木塔的照片，有关于应县木塔的真实性，以及是否还存于世引起了他极大的怀疑。情急之下，梁思成先生抱着试一试的态度，提笔写了一封信，收信人是"山西省应县最大的照相馆"，书信的内容是请照相馆的工作人员代为拍摄一张应县木塔的照片寄回北京，他会如数支付全部费用。令人惊喜的是，梁思成先生竟然收到了来自应县的回信，信中附有梁公渴望已久的木塔照片。在见到照片之后，梁思成先生终于下定决心前往应县，遂发现了我国这座现存最早的木塔，也成就了一段照片之邀的佳话。

让我们再次体会梁公 1934 年 9 月的一天傍晚抵达应县的情景："到应县时已八点，离县二十里已见塔，由夕阳返照中见其闪烁，一直看到它成了剪影，那算是我对于这塔的拜见礼……"释迦塔以其精巧的设计与精湛的工艺，必将征服每一位曾经目睹过它的人。

第六章
黄土高原上的明珠
——姜氏庄园

Jiang Mansion -
Pearl of Loess Plateau

　　出陕西省榆林市，走210国道，进入东南方无定河河谷，身后的鄂尔多斯台地被奔驰的车轮甩得越来越远，这里是毛乌素沙地与黄土高原的交汇地区，是我国古代草原文明与农耕文明的天然分界地带，也是自古以来的兵家必争之地。第二次的调查之路，我们从北方的内蒙古自治区呼和浩特、鄂尔多斯一路南下，走过了戈壁化的草原，再穿过毛乌素沙地，即将进入黄土高原的怀抱。这一路的景观变化，想必当年的游牧民族南下时也曾感受过，这是一种苍凉进入另一种苍凉的感受，而不变的却是车窗外未曾改变的黄色主基调。穿行在被无定河水切割的高原河谷中，我们不禁疑惑这片世界上面积最大的黄土区的来历。大约在800万年前，现在的黄土高原曾是一片巨大的湖泊，面积足有6个渤海之大，在这个巨大湖泊的西岸，那是一片辽阔的沙漠，当时地球上气候寒冷干燥，大陆上盛行强劲的西北风，狂风骤起，黄沙漫天。在风力的作用下，源源不断的黄沙被带到湖面上空，颗粒大的先行降落，颗粒小的则被带到更加遥远的地方，这些沙砾最终沉降在湖水底部，在重力和水浪的涌动下，颗粒排布得更加紧密，但整体上泥土粗细呈现出从西北向东南越来越细的趋势，在千万年风吹水涌的作用下，湖底的泥土越来越厚，为之后黄土高原的形成打下了坚实基础。此时，形成黄土高原的泥土已经具备，但作为高原还需要的就是高度了。曾经来自印度洋的板块一路北上，运动过程一路畅行无阻，直到它遇到了体量更大的欧亚大陆板块，在强烈的碰撞下，不仅隆起了世界屋脊的青藏高原，也带动这片广袤的湖泊开始急速上升，湖中无法存蓄的湖水开始向东倾泻，露出了湖底的泥土，这些重见天日的泥土，即将成为这片地貌新的主宰。

此后，平整的湖底又经流水长期的侵蚀，逐渐形成了千沟万壑、支离破碎的自然景观，最终形成了今日的黄土高原。当我们意识到自己正行驶在曾经的巨湖底部，旅途的单调与乏味顿时烟消云散，似乎可以放开思绪幻想在水底遨游的样子。放眼车外，眼前国道旁这条无定河蜿蜒盘曲，时刻侵蚀着两岸的泥土，无时无刻地重复塑造这片广袤土地的天职，被它冲刷过的河谷，就像一本时时刻刻被改写的日记本，书写着一部动态的历史。

无定河，河如其名，流量不定，深浅不定，清浊无常。它发源于定边县白于山北麓，是陕西省榆林地区最大的河流，也是陕西省输出粗沙最多的河流，由西北向东南流经定边县、靖边县、米脂县、绥德县，在清涧县注入黄河。就像黄土高原上的其他河流一样，无定河所携带的泥沙也经常冲积出面积大小不一的平原，这些平原呈串珠状沿河谷分布，米脂县城所在的平原就是其中面积较大者之一。在广袤无垠的丘陵台塬中，这些平原显得弥足珍贵，他们是这些沟壑中最方便取水、最适合耕种与最能容纳人口的地方，也是最有可能产生文明的地方。当我们沿河谷驱车 90 公里后，到达了无定河中游的米脂

李自成行宫

县城，这里的小米久负盛名，米脂一名便来源于此——"地有流金河水，沃土宜粟，米汁渐之如脂"。营养丰富的小米养育了这方水土，一位曾经家喻户晓的农民起义领袖诞生于此，他就是闯王李自成。在米脂县城北部的盘龙山上，还有其建立大顺国后，命人在此修建的行宫。行宫后有群山环抱，前有无定河回绕，一派龙盘虎踞的帝王气势。如今，整座建筑群由乐楼、梅花亭、捧圣楼、二天门、玉皇阁、启祥殿、兆庆宫等七部分组成。这些楼、亭、殿、台依山布置，交错叠嶂，构思精巧，有一种西北地区古建筑群少有的园林风貌。据记载李自成曾两度回此居住，但在起义失败，客死他乡后，却永远未能魂归故里，着实让人唏嘘不已。但在这片人杰地灵的土地上，其他的故事还将继续上演。

离开李自成行宫，从米脂县城东南出城，再一次投入黄土沟壑的怀抱，两侧的窑洞竞相映入人们的眼帘，虽然米脂县城不乏大量的现代建筑，但背靠黄土高原的乡村里，窑洞依然是普通民众的唯一选择。

米脂县所在的黄河流域是我国古代文明的发源地之一，这里产生的以穴为居的居住形式与南方长江流域因巢为居的居住形式一起并列成为我国古代原始社会的两大居住方式。以穴为居最早为古代先民利用天然洞穴来栖身避难的生存方式，后来随着人们活动范围的不断扩大，数量有限的天然洞穴不能满足人们的生活需求，智慧的古代先民通过挖掘人工洞窟弥补了天然洞穴数量不足的问题。在这些人工挖掘的洞窟之后又继续发展出木骨泥墙式的建筑，即一种外墙采用木头骨架托结枝条与泥土混合物的房屋，这种框架结构的房屋形式在现今社会依然沿用，说明了这类房屋演化的合理性。但在黄土高原地区，普通民居依然停留在人工挖掘洞窟的阶段，也就是我们通常所说的窑洞。在这平原匮乏的黄色沟壑中，窑洞以其冬暖夏凉、绿色环保、造价低廉和空间利用率高等优点，赢得了普通民众的青睐，所以这种原始的居住形式依然能够焕发出巨大的活力，继续存在下去。

一般来说，窑洞主要分为靠崖窑、地坑院与锢窑三种类型。我们最常见的就是依靠土崖开凿的靠崖窑了。建造这种窑，需先大致挖好地基，然后开始平整土崖表面，俗称"刮崖面子"，崖面的美观全靠刮者的眼力、技艺和力道。再之后就开始打窑，也就是挖出窑洞内的土并剔出拱形。打窑洞的过程不能操之过急，太快了土中含水量大，容易导致坍塌，要等窑洞晾干之后，接着用黄土和铡碎的麦草和泥，将窑洞内表面抹得平整光滑。最后砌上山墙，装上门窗，一孔新窑就大功告成了。在古代，没有机械设备，挖窑是一件特别辛苦的营生，往往要发动全家老小一起上阵，一代人没挖完，下一代人接着挖，遇上农忙还要在饭前饭后挤时间接着挖。在过去，能修建出几孔窑洞，是一个辛勤劳动的农民娶妻立业的物质基础。地坑院是在没有合适崖面的条件下，在相对平整的地面上先挖出一个长方形的院子，在这个院子的四周崖面上再挖掘出靠崖窑，这个院子由一条长坡道或斜洞与原地面连通，是进入院子的人行通道。关于地坑院有一个有趣的故事，抗日战争期间，入侵中条山地区的一队侵华日军，在经过激战后急需在附近获得食物补给，当他们寻着地图找到山西省平陆县张店镇并打算对其进行劫掠时，却发现这是一片没有人烟之地，日军指挥官认为是地图出现了错误，遂放弃抢掠原路返回。其实这里是一片地坑院窑洞群，如果不知情的人身在百米之外，会出现只闻鸡犬声，不见人踪影的奇特现象。只有当人走进每个地坑院边缘才会发现这里别有洞天，这真是古代劳动人民智慧创造的体现。最后，还有一类窑洞，它可以在平地上建造，通常建于靠崖窑前部，与靠崖窑一起组成一组院落，这类窑洞就是锢窑。锢窑由土坯或砖石砌出拱形，拱的上部再用土来填实，土的重量可以使拱产生向心力，同时也使屋面变得平整，方便人们晾晒一些粮食。以上这些种类的窑洞广泛分布于黄土高原及其周边地区的山西、陕西、河南、河北、内蒙古、甘肃以及宁夏等省和自治区。据估计，生活在窑洞中的中国人有几千万之多，窑洞作为黄土高原的象征已经深深地印入了我们每一个人的心中。

沿着县道继续行驶了大概 16 公里，在道路的左侧出现了一座高似城墙的建筑，其上规律的垛口凹凸起伏，表明了这里的建筑具有防御属性，这里便是全国最大的城堡式窑洞庄园——姜氏庄园。姜氏庄园位于米脂县城东南 16 公里的桥河岔乡刘家峁村，是清朝同治年间当地的首富姜耀祖聘请北京的工匠设计，并召集全县的能工巧匠前后耗时 13 年建成。庄园占地约 26.67 平方公里，四周墙壁高耸，内部院落三进，对外严于防患，对内相互通联；整体布局合理紧凑，由下而上浑然一体，工艺装饰精湛巧妙，庄园主体建筑为陕西省地区等级最高的"明五、暗四、六厢窑"式的窑洞院落，是整个建筑群的精华所在。

这座庄园兴建时，它的主人姜耀祖年仅 14 岁，当时姜耀祖的父亲年事已高，不能操持家业，庄园的谋划和修建完全落在了姜耀祖的肩上，修建姜氏庄园前后十几年，用石数万块，动土千万方，外加砖瓦木料，人工开销等，耗费总计颇为巨大，只有像姜耀祖这样家财万贯的大户人家才可支撑起这样庞大的工程。姜家的兴旺始于姜耀祖的祖父姜安邦，姜安邦虽出身农户，但能吃苦耐劳，在为当地地主干活的过程中结识了地主马家的女儿，并赢得她的芳心，在两人成婚后得到了马家的资助，遂在现今绥德县吉镇开办商铺"崇德号"，凭借贩卖猪羊，倒卖软米、棺木、砂锅等获得了第一桶金，之后又通过放高利贷、收买土地等，积累了大量的财富。姜安邦的儿子中除了姜耀祖的父亲姜锦瑭外皆无后，姜锦瑭晚年时喜得儿子姜耀祖，姜耀祖秉承耕读传家的祖训，早早接管了家业。他虽性格刚强，但怀有一颗仁善之心。公元1900年，绥德、米脂大旱成灾，哀鸿遍野，饥民四起，他散粮120余石救助3000多饥民，赢得了附近乡亲们的好感。姜耀祖一生没有出仕，他一生最大的成就就是修建了这座姜氏庄园。

站在庄园垛墙的脚下，几户人家的窑洞遮挡了庄园的大门，虽然显得有些凌乱，但是却极为突显之后垛墙的高大，垛墙与黄土绝壁巧妙地融为一体，好似垛墙从土中生长出来一般。在那几户人家的右边，有一条循循向上的条石台阶，顺着台阶向上仰望，高大的垛墙在右侧突出一角，上部开有几扇小窗洞，好似城墙角楼的瞭望口。在这个角楼下，再左转一个直角继续上行便看到了庄园的大门，庄园大门在高墙的对比下显得有些小而不合比例，似乎只能通行一驾马车或是三两个人。在大门的上方有一块嵌在墙中的石牌匾，书写着姜耀祖的亲笔题词"大岳屏藩"。这四个字不仅在字面上有将高大坚固的垛墙比喻为崇山峻岭来抵御外部威胁的含义，而且巧妙地将姜耀祖和他长子的名字融入其中，姜耀祖又名海岳，他的长子姜树藩字介屏，那个"大"字作

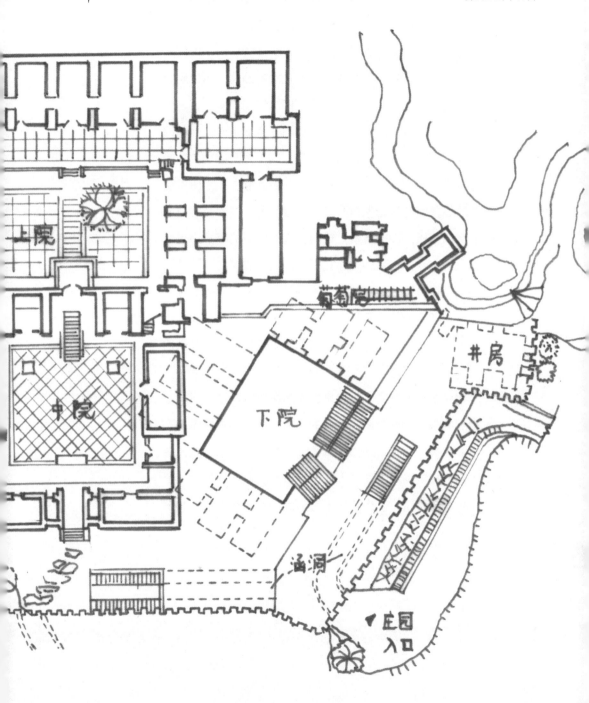

黄土高原上的明珠——姜氏庄园
The Jiang Mansion :
Pearl of Loess Plateau

姜氏庄园平面图

上院

中院

下院

葡萄房

井房

涵洞

庄园
入口

为形容词，则喻示了"福泽子孙，荫庇后人"的美好愿望。

进入大门，再转90度，一条昏暗的石拱形甬道斜向上通行，甬道地面用不规则的石块铺砌而成，中间坡道可走车，每隔一定距离有一条防滑的凸起，两边砌有人行的台阶，昏暗的环境促使人们加快了脚步，急速地穿过了这段甬道，当阳光再一次洒在地面上时，面前的尽端出现了一间很不起眼的井窑，这个井窑的主要功能是打水，里面一口33米深的水井使用至今，即使庄园被匪患围困，也无须担心淡水供应问题。井的旁边有高低两口石槽，高的蓄水，矮的洗衣，地面的废水通过墙壁上的水舌排出室外。除此之外，这间井窑还有瞭望、警戒、停轿的功能，其实这里还是一处姜家的秘密藏宝处，虽然里面的宝贝早在"土改"之前便已被没收，但内壁上两个深不见底的藏宝洞却能留给后人一点遐想的空间。当我们继续打量井窑的内壁时，看见墙上的那几个铜钱花纹的瓦窗，不就是之前站在庄园垛墙脚下向上望到的那几个好似城墙角楼的瞭望口吗？站在这里，下部的一举一动皆在掌握中，再配合墙壁上的射击孔，便可完全控制垛墙下方进入庄园的坡道。井窑的最后一个功用是放置轿子，当年轿子走到此处便不再进入，井窑

庄园正门（上）
昏暗的甬道（下）

的上方设有横梁，可用来悬挂轿子，这样做的目的是保持轿子干燥，防止受潮。纵观这一间小小的井窑，竟有如此多的功用，想必在建造之初，设计者的考虑必定是极尽周全，下足了功夫。

　　井窑位于庄园下院的北侧，这一层即是高大的垛墙顶部，垛墙上的凹凸垛口与井窑的瞭望窗、射击孔一同组成一组完备的庄园武装防御体系。

　　整个庄园由下院、中院和上院组成。下院的主体建筑是一进

四合院的管家院，坐西北向东南，正房、两厢均为三孔靠崖窑，倒座为传统的木结构房屋，精致的院门两侧有一对抱鼓石，院门为中柱大门，中柱的额枋上有一块"大夫第"的牌匾，昭示着姜耀祖"奉直大夫"的身份。大门是一座宅院等级的标志，在我国古代的封建社会中关于礼制的规定十分严格，庶民和低等级的官员只可使用单开间的大门，在这些单开间的大门中又根据门框安装的位置分为几种形式，门框安装于中柱位置的称为"中柱大门"，又称"广亮大门"；安装于中柱之前，金柱位置的称为"金柱大门"；安装于最外侧檐柱位置的称为"蛮子门"；在蛮子门基础上将门洞砌成窄小门口的称之为"如意门"；此外，还有直接开在墙垣上的"小门楼"。在这些门中，以广亮大门等级最高，其他依次降级。

出管家院继续向西，一条西北向的甬道通往上一层的中院，中院坐东北向西南，是主人接待宾客和举行社交活动的场所。中院的大门是一座体量更为庞大的硬山顶中柱大门，门额有一面"武魁"匾，彰显了主人叔父姜鹰翔曾中武举的荣耀。门下两侧抱鼓石鼓面雕有双狮捧面，麒麟负子，雕刻采用阳刻，栩栩如生。大门内正对的影壁名叫"旭日东升"门，其上额枋装饰精美，砖雕"文王访贤"，表示主人"怀才隐居"与"出将入相"的心愿；"琴棋书画"则寓意"书香门第"与"情趣高雅"的情操。这些细节似乎反映了主人姜耀祖在那个时代学而优则仕的理想与现实情况的强烈矛盾，他只能借助这些雕刻来寄托自己的

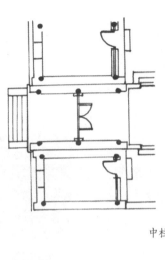
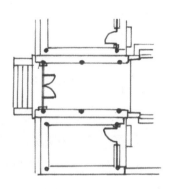

中柱大门　　　　　　　　　　　　　蛮子门

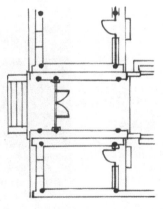
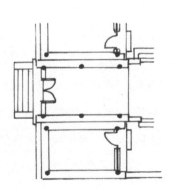

金柱大门　　　　　　　　　　　　　如意门

美好愿望了。进入中院大门，绕过影壁，中院两侧东西厢正对，各设三间木构架硬山顶厢房并带耳房，这里是账房与客人居住的地方。院落北侧的正中，沿中央石阶踏步到第三层的上院，这里是庄园的主院，同中院在一条轴线上，上院正房明五暗四共9窑，两侧厢窑各3孔，这里便是陕西地区等级最高的窑洞院落了。院子当中方形石板铺地，正房与厢房之间分置对称双院，各设有拱形小门洞一道，西可去厕所，东则下书院。此外，倒座与厢房南侧还各有通道，分别联系东西两侧的仓窑和碾磨坊等，最奇特的是还连通一条逃生的地洞，可以直通庄园的后山。由此可见，即使是这样防备严密的城堡庄园，庄园主依然做了最坏的打算。

当我们循着通往后山的小路一路爬上，整个庄园完整地展现在我们面前时，不得不感叹在这黄土高原之中竟有这样一座精绝的庄园。千百万年前，大自然鬼斧神工般地塑造了这里沟壑纵横的黄土世界；千百万年后，生活在这里的劳动人民，通过他们的智慧与双手接过了大自然的刻刀，又赋予了黄土世界新的样貌。

中院全景（上）
上院正房（下）

黄土高原上的明珠——姜氏庄园
The Jiang Mansion:
Pearl of Loess Plateau

中院内的影壁

Chapter 7
(Re)discover Foguang Temple

第七章
发现国宝佛光寺

黄河边的佳县

离开了米脂县，在黄河岸边的佳县休憩一晚后，便要与陕西告别了。第二天一早东跨黄河，便又进入了山西省境内，经过岢岚县、定襄县，离心中盼望已久的佛教圣地——五台山越来越近了。五台山因其五峰耸立，突出云表，山顶无林木，仿如垒土之台，故曰"五台"。其与浙江普陀山、安徽九华山、四川峨眉山共称"中国佛教四大名山"，为文殊菩萨的道场。在五台山五峰环抱之间，寺庙鳞次栉比，殿宇塔台宏伟高耸，且大都装饰辉煌。其中珍贵的雕塑、石刻、壁画、书法遍及各寺，就如同其环抱的地形，五台山好似是我国古代文化的聚宝盆。

　　自东汉永平年间（公元 58 年—公元 75 年），五台山始建佛教寺院，从那时起便逐渐成为中国的佛教中心。在经历了南北朝、隋唐两次佛教大发展时期后，五台山进一步强化了中国佛教圣地的地位，也成为"中国佛教四大名山"之首，曾经全山寺庙共 300 余座，僧侣有 3000 余人，场面盛极一时。但随着寺、僧数量不断地膨胀，压迫了兵员、劳动力、纳税户的数量，使当时国家经济、社会的发展出现了严重危机，终于在唐会昌五年（公元 845 年），唐武宗下令全国拆毁寺院，遣散僧侣，这一事件史称"会昌灭佛"，即佛教徒所称的"会昌法难"。此次灭佛事件发生于唐朝灭亡前 53 年，大量佛教建筑毁于一旦，实令后世华族痛心。

　　与五台山五座山峰环抱的"台内"相对的是"台外"，这些"台外"地区也分布有佛教寺院，虽不至与世隔绝，但也偏居一隅。那里交通不便，香客稀疏，布施鲜有到达，寺里僧侣清贫，无额外财力经常翻修寺院，所以这些寺院才能够长久保持建成之初的模样。也正因为不利的交通条件，竟为这些"台外"寺院躲避日后的历次灭佛行动提供了天然的庇护，也为我国建筑国宝的保存埋下了伏笔，静静等待着有缘人将其从尘封中重新唤起。让人意想不到的是，搭起这段缘分的桥梁竟在距五台山 1600 公里之外的西北敦煌莫高窟中，在那里干燥的鸣沙山长约 1600 米的断崖上，分布着众多高低错落且排列有致的洞窟，在看似不起眼的第 61 窟中，绘有唐代《五台山图》之《大佛光寺》引起了近代中国建筑史学家们的注意。

前文中提到，近代的中国被列强肆意横行掠夺，国家的残破使得欧美与日本学者可以随意潜入我国腹地进行非法的考察与测绘，他们由此初步取得了一些研究成果。这其中以日本第一代建筑史学家关野贞为代表，他在大量长期的田野调查基础上，完成了《支那建筑》一书并自认为掌握了中国古代建筑的发言权。关野贞在 1929 年向万国工业会议提交的论文中宣称在中国大地上已无千年以上的木构建筑，这结论一出无疑深深地羞辱了拥有五千年文明史的中华民族。与当时中日军队之间的热战不同，这是一场中日学术界没有硝烟的自尊之战。在这种刻骨铭心的刺痛下，以梁思成为代表的中国营造学社暗自下定决心，誓要在我们的广袤大地上找寻出千年以上的木结构建筑。

1937 年梁思成先生以莫高窟第 61 窟壁画的内容为线索，带领营造学社成员林徽因、莫宗江、纪玉堂通过实地探寻，终在"台外"豆村附近发现了这座隐匿许久的古老寺院，但它是否为唐代实物，对于当时的人们来说却仍是一个未知数。80 年后，当我们走在通往佛光寺的小路上，远远望去，在松枝的阴影下一座红墙灰瓦的照壁上隐约可见"佛光寺"三个大字，振奋之余不免心跳加速，步履也加快了许多。

在我国，照壁亦称影壁，是我国传统建筑特有的组成

(Re)discover Foguang Temple

台内全景（上）
佛光寺山门和照壁（下）

部分，通俗上讲它是一种门内外的遮挡物。古代传说中野外的小鬼只能走直线，而不会拐弯，如果在门口竖起一面高墙，便可阻挡鬼怪登门入室，确保家中免受侵扰。通常照壁的位置在正对大门前空地的另一侧，还有一种在正对大门的户内一侧。前一种照壁起着遮挡门外杂乱环境与美化景观的作用，后一种则有隔离视线，保护隐私，烘托庭院气氛的作用。而眼前的这座佛寺照壁明显属于前者，它正对于山门之前，可将世俗的不洁永绝于此。绕过照壁，随即进入视线的是山门，抬头一望，"大佛光寺"匾额悬挂于山门正中，其下高高在上的台基，需13步台阶方可循循而上。这步数的设置颇为讲究，在佛教中"13"为高贵吉祥的数字，有功德圆满的含义。

这座山门是在清末被毁的老山门基址上增建的新殿，位于整个寺院的西端。不同于平原地区其他寺院坐北朝南的布局，因地制宜的佛光寺以坐西朝东的姿态坐落于一片山坡之上，寺内前后高差达10米左右，分为前中后三级台地，山门前的台地为第一级，踏入这座山门便意味着进入了寺院的第二级台地。穿过狭窄幽暗的山门过道，走出山门，整个寺院的内景便立马在强烈的日光下呈现出来，眼前一条中央走道通向尽头，整个第二级台地所围合成的院落大致遵循了左右对称的布局形式，北侧留有

(Re)discover Fagueng Temple

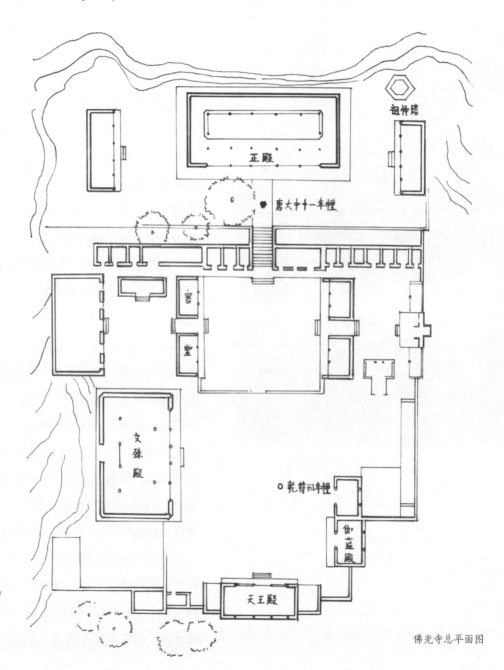

127

佛光寺总平面图

院落中的经幢

金代文殊殿，与之相对的南侧则为普贤殿，现已毁。环顾整个院落，绿草茵茵，鲜花点缀其间，远处高矮乔灌，搭配自然和谐，庄严却不失活力。院落中央一座石幢矗立于路旁，显得突兀而夺人眼球。

在我国的寺院中，院落的中央是整个寺院最为重要的位置之一，通常出现在此处的有佛殿、佛阁或是佛塔，然而，佛光寺空旷的院落中央仅有石幢一座，其单薄的体量无法起到统领寺院全局的作用，这样的布局显得与传统格格不入，让人匪夷所思。其实，历史上此处曾建有一座三层高、七开间的弥勒大佛阁，占地广阔，通高有32米，其高大雄伟的身形曾与身后的大殿一同组成"前阁后殿"的寺院布局模式。试想建成之初，袅袅梵音，响彻廊宇，在寺墙围合的佛阁、佛殿之间，如若能置身其中，那古风

(Re,)Discover Faguang Temple

古拙之美必将震撼人心。如今，当我们走过院落中央的石幢时，总不免哀叹那盛景早已不存于世。

再往前行，佛光寺大殿已渐渐显露出屋角的飞檐，但殿前的松树如纱帐一般保持着大殿最后的神秘。大殿脚下的最后一级台地与中央台地的高差犹如巨大的台基一般，走近一看，基座的底层原来由一排七开间左右对称的窑洞组成，窑洞那轻盈的半圆形拱券竟使得台基底部不再有沉重之感。位于中间的那孔窑洞，形似窑洞，实则为门洞，循着门洞内的台阶径直而上，手脚并用犹如攀爬直梯般吃力，但期盼的目光始终聚焦于最后一级台阶之上。慢慢地，那早已褪色的大殿匾额与另一座石幢出现在地平线之上，逐渐地进入我们的视野，将身探出台阶的一刹那，整个佛光寺大殿完整的立面终于出现在我们面前。

没有艳丽的彩画，只有原始的本色；没有精致的装饰，只有简单的线条；没有烦琐的摆设，只有实用的构件。这是一种源自古拙的体验，这是一段源自千年的对视，这也是一个无数人想要圆梦的终点。想必，营造学社成员在1937年第一次站在佛光寺大殿前的时候，也曾满怀惊叹的目光审视着这饱经沧桑的朴拙大殿，但惊叹之余更多的是怀疑与期盼，寻找我国千年木构的初心始终环绕在心头。眼前这座近34米宽的大殿面阔七间，当中五间等宽，两侧尽间稍窄，上开木板门、直棂窗，中心高高悬挂的匾额上书写着"佛光真容禅寺"六个巨大的文字。与匾额平齐的两边，每个柱头上都有一个庞大的斗拱，其中以四角角柱上的最为庞大，除此之外，每两个柱头的中间还有一个稍小的斗拱，外部总计出现三种类型的斗拱。

斗拱是我国木构架建筑特有的结构构件，斗拱（又称斗棋）中的"斗"是斗形的木垫块，"拱"是弓形的短木。拱架于斗之上，其上再装斗，逐层叠加形成上大下小逐渐挑出的托架，传递支撑着上部屋檐的荷载。隋唐时代的斗拱雄伟古朴，宋代以后逐渐变得细小华丽，明清以后则逐渐沦为装饰构件了。当斗拱分别位于开间柱头、四角柱头以及两柱头之间时分别称为柱头铺作、转角铺作和补间铺作。柱头上一攒完整的斗拱由下而上层层相叠，在宋朝时被形象地称为"铺作"，而到清朝时，则被称为"斗科"或"斗拱"，不同位置相对应的被称为柱头科、角科以及平身科。斗拱在木构建筑上起着十分重要的作用。从结构方面讲，斗拱位于屋顶与柱子之间，起着将屋顶巨大的重量传递给柱子的作用，同时，斗拱层层向外悬挑，使得屋檐可以远远挑出，保护了下部的土墙免受雨水的侵蚀。再次，斗拱的榫卯连接，消耗了地震中的能量，有墙倒屋不塌的神奇作用。从美学方面讲，斗拱支撑的屋顶，出檐深远，檐口曲线优美，如同飞翼般壮观。此外，斗拱本身的层叠结构就有一种先天的规律美，就如

佛光寺的匾额（上）
佛光寺大殿（下）

同一攒等待绽放的花簇。

　　站在佛光寺大殿的屋檐下，梁思成先生是否也曾举目向上久久凝视那挑出近 4 米的屋檐，那些用料极其巨大的结构部件似乎也在昭示着自身出自比宋代更为久远的工匠之手，但是否能在大殿中找到明确记载建造过程与建成年代的文字信息便成了当时营造学社成员最为急迫的任务了。当推开沉重的板门，轻柔的光线瞬间撒在了大殿佛坛的三尊主身上，三尊主两侧各有文殊菩萨、普贤菩萨与胁侍菩萨。整个大殿采用金厢斗底槽（内外两圈柱环绕的平面布局称为金厢斗底槽）的平面布局形式，进深四间，通进深 17.66 米。殿内构架自下而上为柱网层、铺作（斗拱）层与屋架层，这种分层的结构形式虽为唐代"殿堂"式木构建筑的重要特征，但鉴于北方辽代木构建筑对唐代的师承关系，仍然无法通过这一特征准确地断定佛光寺的建造朝代。

　　当梁思成先生与其他成员一起攀爬到天花顶上的屋顶时，被眼前的一幕惊呆了。梁公这样描述："这个阁楼里住着好几千只蝙蝠，他们聚集在脊檩上边，就像厚厚的一层鱼子酱一样。这就使我无法找到在上面可能写着的日期。除此之外，木材中又有千千万万吃蝙蝠血的臭虫。我们站着的顶棚上覆盖着厚厚的一层尘土，可能是几百年来积存的，不时还有蝙蝠的小尸体横陈其间。我们戴着厚厚的口罩掩盖口鼻，在完全的黑暗和难耐的秽气中好几个小时地测量、画图和用闪光灯照相。当我们终于从屋檐下钻出来呼吸新鲜空气的时候，发现在背包里爬满了千百只臭虫。我们自己也被咬得很厉害。可是我们的发现的重要性和意外收获，使得这些日子成为我多年来寻找古建筑中最快乐的时光。"当时间回到1937年7月5日，一筹莫展的营造学社成员来到佛光寺工作数日后，忽在殿内梁底发现隐约可见的墨迹，左右共4根，但表面被朱土所覆盖，且殿内光线暗淡，梁底距地面两丈有余，故无法清晰地辨识所写字迹，学社众人各凭目力，极力望远，揣测再三，所得仅官职一二。然有幸林徽因素来远视，独见"女弟子宁公遇"之名，众人忽又想到殿前那座立于唐大中十一年的陀罗尼经幢，其上同样刻有"女弟子宁公遇"者，并称之为"佛殿主"。"佛殿主"之名同时出现于经幢与殿内梁上，则说明经幢的建造年代与大殿如非同时，也必然立于大殿建成之后，至此，佛光寺大殿的建造年代终由此得证。佛光寺大殿建成于公元857年，距1937年时已有1080年历史，它的发现打破了日本人所谓的在"中国大地上千年以上的木构建筑一个亦没有"的狂妄论断，实属振奋国人之幸事。

当我们围绕着三尊主与文殊、普贤以及胁侍的佛坛环绕一周时，在角落里还可找到为纪念"佛殿主"宁公遇而立的塑像。根据大梁上字迹的内容可知，施主宁公遇为长安城一贵妇，出资建殿是为了给曾经身居高位的"故右军中尉王"祈福，同时得到了"河东节度使""代州都督供军使"等地方官吏的支持，由这些出资人的身份可看出，大殿的建筑规制应有官方建寺的背景。由"唐令"中的规定可知，唐代官方的建筑由面阔、进深大小，铺作与天花的形式，以及屋顶的样式等来区分建筑的等级。虽然没有佛寺等级的明确规定，但可参考唐代官员的居所制度，从中大致判断佛光寺

大殿转角处的斗拱

大殿柱头上的斗拱

大殿柱子间的斗拱

的地位等级。

　　在我国古代的封建社会中，封建地主依靠土地占有和人身依附关系，构建起一种利于统治的社会等级制度，这种等级之间的差异较为明显地体现在当时人们的居所上，统治阶级的最高层——皇帝可独享面阔七开间以上的殿堂，最有代表性的就是唐长安城大明宫十一开间的含元殿。而仅次于皇帝的王公贵胄们的居所正殿面阔就锐减为七开间了，再往下的高级官员的居所正房便只可使用五开间面阔了。佛光寺七开间的大殿等级明显高于唐代高级官员的居所标准，与王公贵胄相同，虽无法比拟当时首都长安城九开间的皇家赐建寺院，但在地方来说，也可称得上是等级较高的佛教寺院了。即便对 1000 年后的当今来说，佛光寺体量庞大的正殿依然向世人宣示着自己曾经高贵的身世。

　　历史总是有着惊人的巧合，在北平城炮火震天，中日全面开战之际，一份带着发现唐代建筑寺院的电报从山西五台发至了北平营造学社处，这一天是 1937 年 7 月 7 日，一个深刻改变中国命运的时刻。唐大中十一年（公元 857 年）距民国二十六年（公元 1937 年）共计 1080 年，那个像枷锁般宣称中华大地上再无千年以上木构建筑的预言终被打破了，就像日本人狂妄宣称 3 个月灭亡中国的痴人妄语一般，其结果终将为后人所耻笑。梁思成及其调查团

发现国宝佛光寺

(Re)discover Foguang Temple

出檐深远的屋角

队在这国难当头的时刻，将这振奋人心的消息由
《北平晨报》第一时间通告全国，不仅宣示了来
自文人们抗争的决心，而且也确实给想要彻底瓦
解中国人文化自信的侵略者们当头一棒。发现佛
光寺大殿与当时中国其他领域的斗争一起，共同
撑起了中华民族不屈不挠的伟大脊梁。

更让人意想不到的是，在梁、林发现佛光寺
16年后的1953年，山西省考古人员来到了距离
佛光寺西北几十公里的南禅寺。他们根据殿内梁

架上写有的"大唐建中三年"的墨书题词考证，南禅寺重修于公元782年，竟比佛光寺还要早落成75年。这也意味着，南禅寺是中国已知现存最古老的木结构建筑。虽然梁思成、林徽因与它擦肩而过，似有些遗憾，但他们一定会为我国最古木构的年代再次推前而满心欢喜。

佛光寺、南禅寺这一对唐代木构，就像闪耀的双子星一般，永远散发着耀眼的光芒。

佛光寺大殿内景（左）
佛光寺内正中的释迦牟尼佛像（右）

第八章
正定隆兴寺与四塔的寻『最』之旅

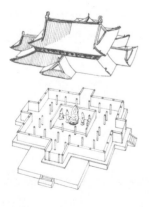

Zhengo
art

Chapter 8

Longxing Temple
Giant Competition of Four Pagodas

　　结束了山西之旅后，第四次调查之路再由北京西南的房山出京，驱车走京港澳高速200公里左右，再转新元高速，全程行走在平坦的华北平原之上，耗时3个小时左右便抵达了现今河北省省会石家庄市东北方15公里处的正定县城。正定县与石家庄市区以滹沱河为界，正定古城南门距滹沱河仅1公里左右。正定古称常山、真定，在我国四大名著之一的《三国演义》赵云"单骑救主"一节中，那句雄壮的"吾乃常山赵子龙也"让许多观众记住了常山这一地名。从西晋开始，正定就是河北中部地区的政治、经济、文化中心。直至近代以后，由于铁路的兴起，又极大地改变了正定古城的政治地位。就在滹沱河的南岸，曾经有一个名叫石家庄的小村子，面积不足0.1平方公里，曾属于获鹿县治下。1897年4月，清廷着手兴建卢汉铁路（北京卢沟桥至湖北汉口，也称京汉铁路）的同时，山西巡抚胡聘之也正在筹划通过连接卢汉铁路修建山西省的第一条铁路——正太铁路（河北正定至山西太原）。几经勘测与权衡利弊后，决定将卢汉铁路与正太铁路的交汇点定于正定城南的柳林铺，后因线路途经滹沱河，以当时的工程技术，架桥着实困难，遂将正太铁路的起点进一步南移至石家庄村，但由于当时石家庄村的知名度不高，所以取 3.5 公里外的大镇——"振头"作为此地的站名，即振头站，也就是之后的石家庄站。正太铁路于 1907 年全线通车，作为京汉、正太铁路的交汇点，晋冀之间物资转运的交通枢纽。石家庄这一曾经微乎其微的小村庄似乎一下子走到了近代中国城市舞台的前缘，摇身一变成为华北平原首屈一指的大都市。反观曾经抵制修建铁路，认为铁路会破坏风水的临近地区，如今只能默默地陪伴在省会身旁。对正定来说，也许没有河流的阻隔，正定县将在铁路的带动下走上历史的巅峰，可历史没有假设。如今的正定掩映在大城市的光环下，但作为一座历史悠久的文化名城，有些闪亮的宝藏始终无法被忽视。

　　源远流长的历史，各朝各代遗留下的文物古迹，使得正定以"三山不见，九桥不流，九楼四塔八大寺，二十四座金牌坊"而著称于世。"三山不见"指的是正定历史上曾是古代中山国、恒山郡、常山郡的治所之所在，但奇怪的是正定县境内却没有山川。"九桥不流"说的是城中隆兴寺前的单孔三路石桥、府文庙和县文庙大殿前各有的一座泮桥（古代泮桥均为三桥并列的形制），但是三座桥都无活水流过。"九楼四塔八大寺"指的是原古城上的四个门楼、四个角楼以及阳和楼；四塔是凌霄塔、华塔、须弥塔、澄灵塔，八大寺是隆兴寺、广惠寺、临济寺、开元寺、天宁寺、洪济寺、舍利寺、崇因寺，但是后三寺已毁，最后还有"二十四座金牌坊"指的是过去正定城中曾经拥有的大大小小二十四座牌坊。这些散布于城内各处远近闻名的历史建筑又被一圈12公里的城墙环绕起来。城墙已有1600多年历史，现存的城墙是明代的遗存，正定城垣最宏伟壮观的当数四座城门，东为迎旭门，南为长乐门，西为镇远门，北为永安门，各门均建有月城和瓮城。在经历了几百年的岁月剥蚀后，正定古城墙除了城门外，墙砖多已剥离，沦为段段的土城。那种似乎只在野外出现的土城却在这里与城内的现代化气息形成了鲜明的对比，这似乎也是众多有着悠久历史却又处在不断发展之中的古城们所呈现出的共同特征，虽然有些残破，但历史的厚重感如同那城墙上层层夯实的黄土一样让人安心。

　　前方行进的道路从一处土城墙豁口中穿过，大家都没想到竟以这种简单的方式跨入了鼎鼎大名的正定古城。城内一切都显得井井有条，路过城东的赵云庙，是看到的第一座古建筑群，起初误以为是我们将要寻找的隆兴寺，但仔细观察后，并没有那标志性的绿琉璃瓦顶露头，只得继续前行。又行进了几个街区，前方人头攒动，车辆川流不息，远观一组几进院落的宏大建筑群将它的侧身展现在我们的面前，高低错落的天际轮廓，微微扬起的屋檐屋脊，那是一个特定年代所带来的似曾相识的感觉，没错，这一定是一组宋代建筑。它会是隆兴寺吗？

隆兴寺原为东晋十六国时后燕慕容熙的龙腾苑，隋文帝开皇六年（公元586年）改苑建寺，时称龙藏寺，唐时改称龙兴寺。北宋开宝四年（公元971年），奉宋太祖赵匡胤旨，于寺内铸造一尊巨大的四十二臂铜质千手观音菩萨像，并建大悲宝阁。此后，寺内持续进行扩建，一组以大悲阁为主体的宋代建筑群相继告成。金、元、明各代对寺内建筑均有不同程度的修葺和增建。清康熙、乾隆年间，又曾两次奉敕大规模重修，寺院形成了东为僧徒起居之处，中为佛事活动场所，西为帝王行宫三路并举的建筑格局。康熙四十九年（公元1710年）赐额"隆兴寺"，并一直沿用至今。隆兴寺中有六处文物堪称全国之最，其一是被古建专家梁思成先生誉为"艺臻极品"的建筑孤例宋代摩尼殿；其二是被后人誉为"东方美神"的倒座观音；其三是我国早期最大的转轮藏；其四是被推崇为"隋碑第一"的龙藏寺碑；其五是

三路三孔石桥（上）
天王殿（下）

我国古代最高大的铜铸大佛；最后还有一尊我国古代最为精美的铜铸毗卢佛。众多国宝汇集于一寺，难怪有人将隆兴寺称为"京外第一名刹"。

走近寺前，那座永不流水的三路三孔石桥出现于眼前，心中的忐忑似乎消失了大半，举目远观寺门，拱门上那题有"敕建隆兴寺"和"天王殿"的笔迹金光灿灿，心中留存已久的疑惑顿时烟消云散，之前只在建筑史书中见到的古建，第一次站在它的面前，那激动的心情不言而喻。环顾寺门前的小广场，一对石狮子，一座三路三孔石桥，还有那面巨大的琉璃照壁，都对称地布置在中轴上，当目光再次落到康熙皇帝手书的天王殿匾额上时，突感一丝异常，在常见的寺庙山门上，通常并不悬挂匾额，也不称山门为天王殿，严肃说来隆兴寺竟然是一座没有山门的寺庙，只是由天王殿代行了山门的功能。天王殿殿内两侧供有护世四大天王，四大天王在传入我国许多年后，已经完全被汉化了，他们的形象类似于中国古代的武士，因为手中所执法器的不同，被赋予了不同的中国寓意。南方增长天王手持宝剑，因舞剑生风，故寓为"风"；东方持国天王手持琵琶，因琵琶能调拨发音，故寓为"调"；北方多闻天王手持宝伞，因伞能遮雨，故寓为"雨"；西方广目天王手缠一蛇，意为降服归顺，寓为"顺"。合在一起便是"风、调、雨、顺"，暗含了中国人企盼五谷丰登，国泰民安的美好愿景。

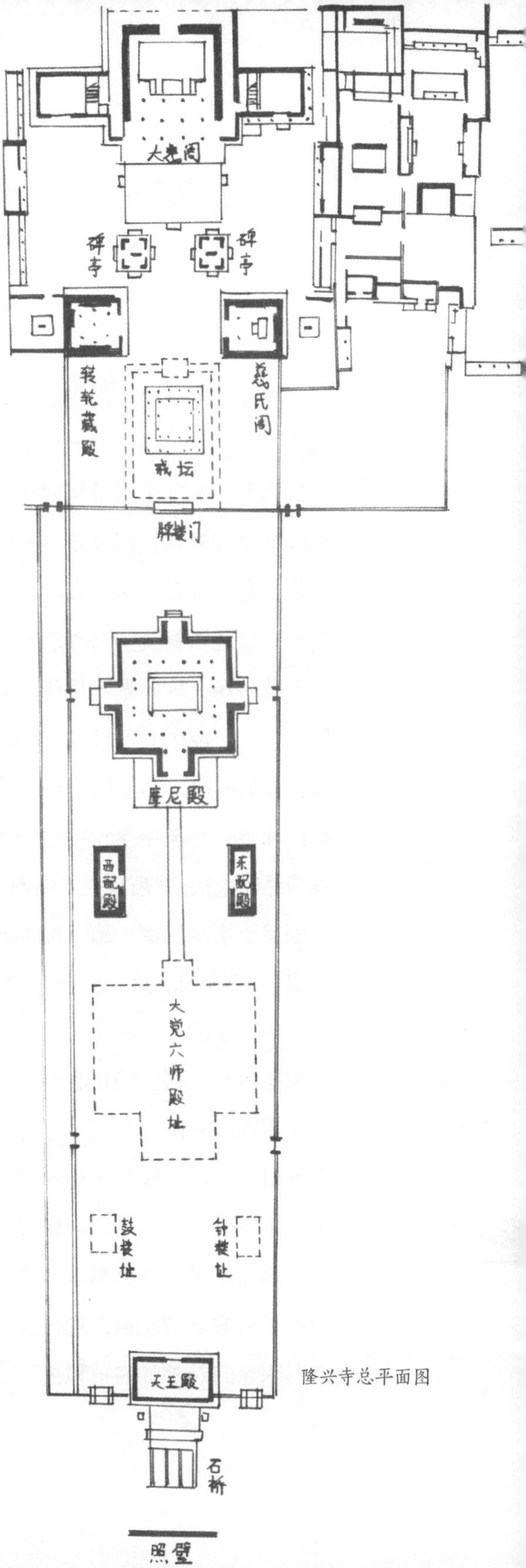

145

隆兴寺总平面图

通过熙熙攘攘的山门后，两侧茂盛的绿植掩盖了远处的建筑，似乎为当下的旅途增添了几丝神秘。眼前空空如也的场所，实际上是曾经建于宋代的大觉六师殿，后来因为年久失修早在民国初年就已经坍塌了，现如今只留有巨大的台基和柱础，似乎在向世人诉说着曾经寺中第一大殿的光辉过往。据《隆兴寺志》记载：在大殿的佛坛上原供有七尊佛像，即释迦牟尼佛及其之前的六位祖师，如果大殿仍在，一座供有七尊佛像的巨大殿堂又将以何种面貌出现在我们面前，现已不得而知了。绕过大觉六师殿的遗址，继续北行，一座坐落于中轴线上，被梁思成先生称之为艺臻极品的大殿，就矗立在高高的台基之上，她就是布局奇特、平面呈十字形的摩尼殿，摩尼是梵语，意为珠、宝。佛经上说："摩尼珠，投入浊水，水即清。"摩尼殿即由此得名，取其去浊取清、脱离尘垢、证得清静之意。摩尼殿始建于北宋皇祐四年（公元1052年），重檐歇山顶，绿琉璃瓦覆面，正方形的殿身四边各出一山花面示人的歇山小顶，也称四出抱厦。整个大殿外观重叠雄伟，就好似群山一般富于变化。梁思成先生对摩尼殿曾经大加赞誉："这种布局，我平时除去北平故宫紫禁城角楼外，只有在宋画里见过。"再看大殿檐下的斗拱，构件宏大，分布疏朗，柱子粗壮，并有明显的卷杀、侧角和生起，屋檐四角微微翘起，如鸟

正定隆兴寺与四塔的寻"最"之旅

Zhengding: Longxing Temple
and the Giant Competition of Four Pagodas

摩尼殿正门

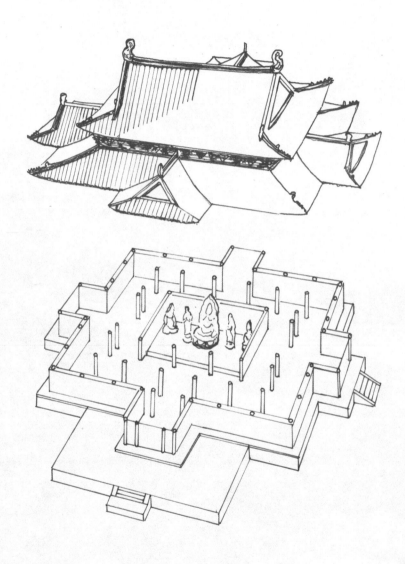

摩尼殿剖透视图

振翅欲飞，摩尼殿的这些特点也是宋代建筑普遍拥有的特点。其中，卷杀即将柱、梁、枋、斗拱、椽子等构件的端部砍削成缓和的曲线或折线，使构件外形显得丰满而柔和；侧角，即建筑最外一圈柱子向内倾斜一定尺寸，从而使建筑从结构上获得较好的稳定性，视觉上也更加稳重；而生起，即古建筑正立面上，檐柱自中央一间向两端依次升高，使檐口呈一缓和的优美曲线，通常与侧角一同使用。摩尼殿采用抬梁式的结构形式，为宋代《营造法式》的现实典范，它的存在为我们了解宋代木构建筑提供了不可多得的机会，作为此种类型木构建筑的孤例，摩尼殿具有极高的历史、科学与艺术价值。

在大殿正中的佛坛上，塑有宋代的释迦牟尼与迦叶、阿难二弟子，以及明代的文殊、普贤二菩萨塑像。东西两侧及大殿四周，除了内槽东、西两扇面墙内壁的"十二圆觉菩萨"和"八大菩萨"为清代绘制外，其余皆为明代成化年间所绘的壁画。四抱厦的墙面绘有佛教天神"二十四尊天"；檐墙则生动地描绘了释迦牟尼降生、出家、苦行、成道、涅槃整个过程。内槽东西外壁分别绘有"西方胜景"和"东方净琉璃世界"，画面长 9.36 米，宽 7 米，构图宏伟。保存较好的"西方胜景"，以西方三圣——弥陀、观音、大势至为中心，总计绘制有佛、菩萨、罗汉、乐伎、圣众等 400 余身。在摩尼殿内槽的北壁上，有一座宋代的泥塑

摩尼殿特有的"四出抱厦"

五彩悬山，悬山中央最为引人注目的是一尊端坐的五彩自在观音像，因其背靠大殿，所以又俗称"倒坐观音"。观音像高3.4米，左足踏莲，右腿踞起，两手抱膝，身体稍向前倾斜，面容秀丽恬静，姿态优雅端庄。柳眉之下，那智慧深邃的目光微微俯视，恰与礼佛者仰视时形成感情上的交流。当年，鲁迅先生辗转得到这尊观音的照片，非常欣赏这一艺术佳作，视之为珍宝，赞誉为"东方美神"，一直摆于书案前，至今仍在北京鲁迅故居中陈列。一座形制唯一的奇特殿宇内置一尊最美的自在观音像，国宝中内置国宝，不禁令人称奇。

　　转过摩尼殿后，尽管满心还充斥着倒坐观音的会心一笑，脚步却已经迈过前方一座小牌楼的门槛进入了北面的另一处院落。这巨大的院落中，由戒坛、慈氏阁、转轮藏阁、御碑亭、大悲阁等组成了一组群体建筑，其中分布了隆兴寺文物六最之中的三件。正面的大悲阁是隆兴寺的主体建筑，高大的阁内供奉着闻名遐迩的宋代铜铸"千手千眼观音菩萨"立像，俗称"正定府大菩萨"。它是北宋开宝四年（公元 971 年）奉太祖赵匡胤之命铸造的，立像高约 21.3 米，全身总计 42 臂，除本身的两只手臂外，在身体左右还各有 20 只手臂，分别执日、月、净瓶、金刚杵、宝剑等法器。铜像身躯高大，比例合适，雕工精美，实属罕见，是世界古代铜铸佛像中最高大古老的千手千眼观音菩萨像。

　　在高大的大悲阁前，左手边为慈氏阁，右手边为转轮藏阁，两者皆为二层木构楼阁，慈氏阁中有高约 7.4 米的弥勒菩萨像一尊，为北宋时期独木雕刻而成，其形制为佛教正统的弥勒造像。在佛经中记载，佛祖释迦牟尼曾预言 56.7 亿年后，弥勒菩萨将下生人间接替释迦牟尼的佛位，因此弥勒菩萨又被称为"未来佛"。慈氏阁中此弥勒形象不同于后世禅宗、净土宗寺庙中安置于天王殿中喜笑颜开的大肚弥勒佛像，弥勒佛形象的转变，

摩尼殿后壁的自在观音像

重修前的大悲阁

大悲阁内的观音像

是佛教传入中国后进一步汉化的结果。相传五代后梁时期，在江浙一代常有一位布袋和尚游走于世，他眉皱而腹大，整日袒胸露腹，笑口常开，与人为善，乐观包容，因此深受人们尊敬和爱戴。布袋和尚圆寂前，曾留下偈颂："弥勒真弥勒，化身千百亿，时时示世人，世人自不识。"因此他也被后世认定是弥勒菩萨的化身，所以此后弥勒菩萨的塑像就经常被塑成和蔼慈祥、满面笑容、袒胸露腹的慈爱形象，常被中国人称为笑佛、欢喜佛或大肚弥勒佛。而眼前的这尊弥勒站像，典雅中透着高贵，让我们见到了更久远年代的弥勒佛真容，也感慨同一佛在千百年中所发生的翻天巨变。阁名中慈氏是梵语弥勒的意译，所以供奉弥勒的殿阁就被称之为慈氏阁。

出慈氏阁，又来到了对面中国古建史上大名鼎鼎的转轮藏阁，因其内安置有我国古代最为古老的转轮藏而得名。转轮藏直径7米，外观形似八角形亭子，中设木轴，内有经屉，犹如一座可以旋转的佛经书架，取佛教中"法轮常转，自动不息"之意，喻佛法犹如轮子辗转相传，永不停息，所以佛教中亦有推其旋转与诵读经文同功之说。与之类似的还有藏传佛教信众手中的转经筒，其内置佛经，每旋转一周代表念经一遍，为古时不识经文的佛教信徒提供了方便。转轮藏这种木结构小品国内保存下来的少之又少，其他的转轮藏还有北京智化寺的明代转轮藏、北京颐和园万寿山和山西五台山塔院寺的清代转轮藏，但都不及隆兴寺的宋代转轮藏年代久远，这也是我们在隆兴寺中见到的第四件文物之最，让人感慨的是，隆兴寺中每殿每阁中必置有一珍宝，仿佛是来到了一座艺术殿堂。

在大悲阁与慈氏阁、转轮藏阁之间，还有两座左右对称的亭子，他们顶覆黄琉璃瓦，内置赑屃，身扛两座巨大的御碑。碑上分别

大悲阁内东壁的塑像

慈氏阁

转轮藏殿（上）剖面图
慈氏阁（下）剖面图

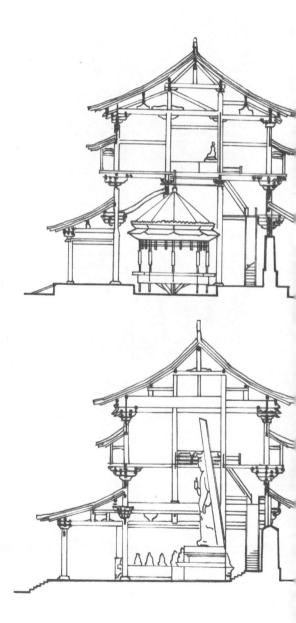

记载了康熙皇帝手书的《御制隆兴寺碑》与乾隆皇帝手书的《重修正定隆兴大佛寺记》。虽然两座黄琉璃瓦的御碑亭身处于灰瓦绿琉璃的建筑群中显得那么异类，却无比彰显了寺庙深受皇家青睐的意味。而就在御碑亭身后，隆兴寺第五件全国文物之最就藏身在一座其貌不扬的小亭子中，其内刻于隋代的龙藏寺碑，是我国现存最早的楷书碑刻，是研究汉隶向唐楷发展承前启后的代表之作。其上字体方整有致，用笔沉滞宽博，朴拙而不失清秀，庄重而不显呆滞，因此也被人称为楷书第一碑，其珍贵价值不言而喻。

此时，在隆兴寺中轴线的最后一进院落中还有一座名叫毗卢的殿宇，因其内供有一尊毗卢佛而得

龙藏寺碑文

名。如雷贯耳的毗卢佛是"毗卢遮那佛"的简称，佛教中经常会提到"三身佛"，即法身"毗卢遮那佛"，应身"释迦牟尼佛"与报身"卢舍那佛"。这三尊佛的关系非常奇妙，佛教中对此有一个精妙的比喻：法身佛如明月，报身佛如月光，应身佛如水中之月影。即使水干了，月亮的影子不见了，但月亮依旧存在。也就是说法身"毗卢遮那佛"，不管在什么时候都会永远存在，可见其在佛教中的地位非同寻常。殿内的这尊毗卢佛其实是一位"外来户"，曾经安置于正定的崇因寺，后来崇因寺败落便将寺中最珍贵的毗卢佛迁建于此。眼前的这尊毗卢佛由三层圆鼓形莲座和三层四面头戴五佛冠的佛像组成，自下而上逐层缩小，三层莲座总计 1000 尊小佛，构成了千佛绕毗卢的形象，除此之外，外加三尊四面佛及其佛冠上的 60 尊佛，通体上下总计 1072 尊佛。该佛像是明万历皇帝为其生母慈圣皇太后 72 岁生日祝寿所御制，所以 1000 代表大千世界由佛来统治，72 则代表万历皇帝母亲的寿辰，整个佛像构思巧妙，寓意令人称奇。再细观三

Zhengding: Longxing Temple and the Giant Competition of Four Pagodas

毗卢佛

161

层莲座的千叶莲瓣，每一莲瓣上各铸有一坐式小佛，表情、手印均富于变化，这些精雕细琢的局部特征真实地反映了明代的铸造工艺，具有极高的历史和艺术价值，又因独特的造型，其与摩尼殿一样堪称海内孤例。

　　至此，隆兴寺的寻宝之旅就此结束了，六件全国文物之最皆记于心，内心的满足非言语可以表达，又考虑到此次正定古建筑的考察并未结束，还有几处远近闻名的古塔等待着我们造访，不由得加快了出寺的步伐。当再次路过大觉六师殿遗址时，痛心于这座大殿仅仅毁于几十年前的民国时期，实乃为之遗憾，也祝愿在我国蒸蒸日上的国力之下，类似这样的木构建筑都能得到细致的保护，使我们的后代也能够看到祖先留下的这些瑰丽国宝。

　　出隆兴寺，我们的目的地集中于正定古城的中轴线沿线，这里分布了正定遗留下来的四座塔寺，由北向南依次为天宁寺与凌霄塔，开元寺与须弥塔，临济寺与澄灵塔以及广惠寺与华塔。这四座塔寺名曰寺，实则有些仅剩孤塔了，但即使这样，也丝毫不影响这些寺、塔的独特魅力。这些分布于正定各处的塔，使得正定犹如一座中国塔博览地，而每一座寺、塔的背后又隐藏着独此一份的身份或者特征。

Zhengding : Longxing Temple and the Giant Competition of Four Pagodas

就好比距离隆兴寺最近的天宁寺凌霄塔，楼阁式的塔中，一根木柱从塔底一直贯穿至塔顶，称其为塔心柱式结构，这种结构在我国早期的木塔中屡见不鲜，但现存的实例却仅此一例。还有，在开元寺中，与外形酷似西安大雁塔的须弥塔左右对峙的，是我国现存唯一的一座唐代钟楼，楼上所悬铜钟亦为唐代遗物。这种塔与钟楼左右对峙的布局也是研究我国佛教寺院中以塔为中心转向以殿阁为中心过渡时期的珍贵实例。此外，位于正定阳和楼旁的临济寺被称为世界上最早的临济宗道场，寺内澄灵塔为八角九级密檐式塔，更是临济宗创始人义玄禅师的舍利塔，造型挺拔俊秀，为密檐塔中的上乘之作。最后，还有位于正定南门附近的广惠寺华塔，又是一座被称为"海内孤例"的造型奇特的塔，它既不是楼阁式塔，也不是密檐塔，而是形成于宋、辽时期名为花塔的一类型塔，由于元代以后此类型的塔逐渐绝迹，所以稀有程度可想而知，塔的底部由四座六边形的小塔托举起中间的主塔，远远望去，犹如一簇巨大的花束，故又名花塔。主塔的顶端为华塔的精华所在，好似喇嘛塔的相轮，但上面雕有菩萨、力士、狮子、大象、青蛙等艺术造型，层层叠叠且排列有序，构图新颖且生动传神，整体上体现出一种古朴雄奇的外观特征。若从平面布局上看，四小塔围绕着中间的大塔，似乎又对应金刚宝座塔上象征五方佛的

临济寺塔（左上）
天宁寺塔（右上）
开元寺塔（左下）
广惠寺华塔（右下）

布局形式，所以也有人指出正定的华塔是我国现存最早的金刚宝座塔。在空旷的广惠寺中，除了华塔外，早已空无别物，但清代的乾隆皇帝却曾两次驾临广惠寺并登上华塔，足见华塔的巨大魅力。

在探访了这四座塔寺后，正定古城的寻"最"之旅也就要结束了，惊叹于今日每每所到之处，都有一国宝、文物、古建为之一最，它们或最古，或最美，或最大，或唯一，流连其中，赞叹于一座京外县城竟有如此之多的文化瑰宝。当再观南城门时，匾额上那"三关雄镇"四个大字点醒了众人，它宣示着这里曾经是一座与北京、保定并称"北方三雄镇"的地方，即使在近代渐渐沉寂，但厚重的历史，就像这眼前逶迤磅礴的城墙一样，始终无法被撼动。

Chapter 1

Central Axis of Beijing

第九章
伟大的中轴线

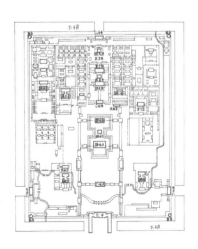

　　看过北京市域地图的人大多会留下这样一个印象，这是一个环环相套的城市，它以紫禁城为中心向外展开。建筑大多南北向布置，道路呈现网格化的分布，一条明显的中轴线穿城而过，从古代北京城的正门永定门开始，一直到紫禁城北的钟鼓楼结束，两侧对称分布了许多重要的国家级建筑物，使整座城市散发出一种庄严的气势。作为我国最后一个封建王朝的都城所在地，北京城的布局似乎也达到了封建时代的顶峰。早在战国时期，记述官营手工业各工种规范和制造工艺的文献——《考工记》中，就有关于都城营造的有关记载，"匠人营国，方九里，旁三门。国中九经九纬，经涂九轨，左祖右社，面朝后市，市朝一夫"。用现在的话说，就是匠人营建都城，方形的城市，边长九里，每边各有三门，都城中有 9 条南北大道和 9 条东西大道，每条大道可容 9 辆车并行。王宫的左边是宗庙，右边是社稷坛，前面是外朝，后面设有市场，市和朝的面积各为周制的"100 亩"。这是我国发现的最早的一段关于古代城市规划的学说，虽然未曾发现一座完全按照这种记载布置的都城，但是它对之后我国的都城按照以皇宫为中心的方格网布局产生了极为深远的影响。

在我国漫长的古代社会中，伴随着王朝的兴衰，曾经出现过几个举世瞩目的古代都城，它们分别是长安、洛阳、开封、南京和北京。由于它们分别代表了我国古代社会不同发展时期的城市建设水平，同时也是当时全国政治、经济和文化的中心，所以这五座古代城市被我们合称为中国的"五大古都"。如果再加上早期殷商建都之地安阳和有较大影响力的南宋都城杭州，又有中国"七大古都"之说。这些都城大多气势恢宏，面积与人口都位居当时世界城市的前列。它们中唐长安城以 84 平方公里的面积居首，北魏洛阳城以 73 平方公里次之，明清北京城以 60 多平方公里居第三，北宋东京城估计在 50 平方公里，与元大都旗鼓相当。这些古代都城，无论城市面积，还是人口规模，在历史上同期的世界都城中，都占据了极为靠前的位置。但它们中，有些因为年代久远，或是被战火吞噬（例如隋唐长安、洛阳），或是被深埋土中（例如北宋东京），还有些因为王朝更替，新城在旧城的基础上新建或是扩建，旧城已完全融入新城之中（例如元大都、明南京）。只有现在的北京城，还保留有较为明显的古代城市轮廓，是我们研究古代都城布局的最佳实例。

在我国几千年的城市建设中，通过长期的实践，古代城市的建设在选址、规划等方面都积累了相当丰富的经验。由于涉及王朝统治的根基，所以历朝历代对于都城的选址都非常重视，皇帝往往钦派大臣勘察地形和水文情况，并主持都城的营造。春秋时代吴王阖闾委派伍子胥"相土尝水"，建造了阖闾大城（今苏州）。汉初，刘邦定都时从政治、军事、经济等方面比较了洛阳和长安的利弊，经过反复的争论，最终定都于长安，并交由丞相萧何主持建造。后来，隋文帝又因汉长安城地下水咸卤不宜饮用，在原城东南方新建大兴城，也就是后来的唐长安城。再后的北宋时期，北方的粮食缺口需要漕运源源不断地从南方补充，汴河边的开封便受到了宋朝皇帝的青睐，成为中原地区的统治中心。到封建时代末期，全国的经济重心已经完全倒向了东南部地区，历年战乱频繁、自然破坏严重的关中和中原地区此时已无法再成为封建统治者建都的理想之地，而东部的南京、北京却成为明清皇帝们建都的首选之处。纵观这几千年的都城选址之路，就是一条永远向东的迁移之路，伴随着经济的天平向着东部地区不可逆地倾斜，由经济决定的上层建筑，始终无法摆脱经济对其的束缚，也只能一路跟进了。

清末时的北京城墙

趁着这股东进之风，我们京外的考察之路也由此转向，回到了出发点的北京。

虽说历代都城的选址一直在变，但都城内部以皇宫为中心的布局似乎始终未曾改变。古代都城为了保护统治者的安全，有城与郭的设置。两者的功能很明确，城是用来保护国君的，郭是为了看管人民的，即所谓的"筑城以卫君，造郭以守民"。每个朝代对城、郭的称呼各有不同，或称子城、罗城，或称内城、外城，或称阙城、国城。后来即使一般的府城通常也有城与郭两道城墙，而国家的都城为了加强防守，设置了三道城墙：最内一道称为宫城（大内、紫禁城）；中间的称为皇城或内城；最外一道称为外城（郭）。待到明代南京与北京时，则发展为惊人的四道城墙，这是古代中央集权不断加强后，统治阶级层层设防来保护自己的最直观的体现了。

曾几何时，城墙作为隔绝两个对立阶级的工具，被人民视为一种禁锢与腐朽的象征，在急剧扩张的城市中，城墙束缚了现代社会的沟通联系，成为一种欲除之而后快的巨大障碍。从 1952 年至 1969 年间，北京城最外圈的外城，中间的内城因为各种社会问题而绝大部分被拆除完毕，仅剩个别中轴线上的城门作为标志物予以保留，而其他的城门仅留有曾经的名号，只能在现今北京二环路的路牌以及地下的地铁 2 号线站名中，找寻到它们遗留下的几丝

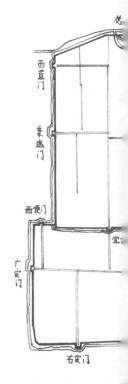

明清北京城平面示意图

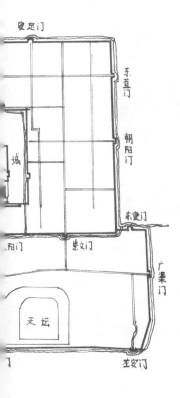

痕迹了。试想一下，如果整套城墙系统还屹立在古老的北京城中，那是一种什么样的体验呢？也许城墙上部已成为一条环形的立体公园，人们可以在上面登高远望，散步观景，体会古都的遗韵，而每一座高大的城楼则都化身为博物馆，它们记载了城门附近的古往今来与奇闻轶事，让人们更加深刻了解脚下的这座老北京城，而不是站在站台与路牌下陷入一种沉思，刻意努力地幻想那座城，就像我们现在正在做的。

历史虽不能假设，但是可以用来讲述，虽然城墙永远地消失了，但是北京城中那条伟大的中轴线不仅没有被破坏，反而得到了延长。古时，北京中轴线起于外城正门永定门，经内城正阳门、中华门、天安门、端门、午门、太和门，穿过太和殿、中和殿、保和殿、乾清宫、交泰殿、坤宁宫、神武门，越过万岁山万春亭、寿皇殿，直抵北端的钟鼓楼。这是一条长达 7.5 公里的世界级中轴线，梁思成先生曾经赞美这条中轴线是"全世界最长，也是最伟大的南北中轴线。北京独有的壮美秩序就由这条中轴的建立而产生；前后起伏、左右对称的体形或空间的分配都是以这条中轴线为依据的；气魄之雄伟就在

这个南北延伸、一贯到底的规模上了"。后来随着20世纪90年代北京亚运会的举办，为了连接城市中心和亚运村，在北二环路钟鼓楼桥引出了鼓楼外大街，向北通至北三环后改名为北辰路，这条路成为北京中轴线的延伸。再之后，随着2001年北京申奥成功，中轴线得以再一次延长，北延的中轴线径直穿过为奥运会新建的奥林匹克公园，两侧对称建造了国家体育场（鸟巢）和国家游泳中心（水立方），最后直抵北五环路旁的奥林匹克森林公园，最终结束了中轴线的穿越之旅，形成了一条长达17公里的新北京中轴线，同时，也为中轴线的概念加入了全新的诠释。当中轴线承接起这个国家古代文明与现代文明的历史桥梁时，便意味着五千年的中华文明正在面向继往开来的新时代而继续传承着，这才是这个伟大国家屹立于世界民族之林永不衰败的根基所在。

说起中轴线，还要从蒙古人内迁，建立元大都时讲起。成吉思汗及其子孙建立的蒙古帝国，自孙辈忽必烈称汗以来，业已分裂为忽必烈统治的元朝以及位于其西部的四大汗国（钦察汗国、察合台汗国、伊利汗国和窝阔台汗国），其中元朝统治的疆域包括现今蒙古国以及中国的绝大多数地区。1260年忽必烈登基并随即展开了与其弟阿里不哥的汗位之战。忽必烈由于常年在中原地区征战，受到了汉族文化的深刻影响，提出了许多汉化政策，也因此受到了来自漠北草原深处的蒙古贵族们的强烈抵制。忽必烈与阿里不哥的汗位之争，实际上是元朝发展方向的争夺战，主张走出漠北的忽必烈赢得了最终的胜利。早先，忽必烈以元上都（位于现今内蒙古自治区锡林郭勒盟正蓝旗）为都城，但是上都位置偏北，对控制南方的中原不利，因此忽必烈决定把都城迁至现今的燕京地区。此地当时尚有金中都故城，由于金元的连年战争，金中都内宫殿大多被拆毁或被焚，而且城内供水的来源——莲花河水系也出现了水量不足的情况，无法满足都城日常生活所需。故仍居住于城外金代离宫中的忽必烈下令，于至元四年（公元 1267 年）在原来金中都西北方开始了新都城的营建工作。中书省官员刘秉忠为营建都城的总负责人，阿拉伯人也黑迭儿负责设计新的宫殿，汉人郭守敬担任都水监，修治元大都至通州的运河，并引西北各泉作为通惠河上游水源。自此，一座伟大的都城将要从华北平原的北部拔地而起了。对中国而言，这是历史性的一刻，一座即将统治中国 700 多年的伟大都城即将出现于世人面前。

1272 年，忽必烈将中都改名为大都（突厥语称"汗八里"，意为帝都），这里正式成为了元朝的首都。1285 年，大都城内的宫殿、内城城墙、太子府、中书省、枢密院、御史台、外城城墙、金水河、钟鼓楼、大圣寿、万安寺等皇家官署建筑陆续竣工。之后又将原来金中都城中的四五十万居民迁入大都，同时还陆续完成了宫内各处便殿、社稷坛、通惠河河道、漕粮仓库等建筑工程。至此，元大都的营建工作基本完成。新的都城轮廓整体上呈方形，城市的中轴线也是宫城的中轴线。城内地势平坦，道路系统规整砥直，成方格网型，皇城居于都城正中靠南的位置，城市的平面几何中心在中心台的位置，这是元大都特有的城市设施。皇城后部有一大片开阔的水域，

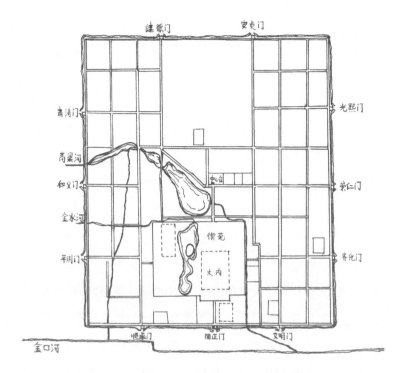

元大都平面示意图

形似水滴状，这就是著名的积水潭，俗称"海子"，是元代漕运的终点，因而海子连接运河的东北岸成为元大都最为繁华的商业中心。也许是和蒙古人逐水草而居的观念有关，皇城内还有一片名为太液池的水面，其内的宫城、隆福宫、兴圣宫和御苑等建筑群都环绕着这片广阔的水面而展开，这也是元代皇家建筑布局的一种全新的尝试，而这片皇城内的水面就是后来大名鼎鼎的中南海和北海公园的前身。从整体上看，似乎元大都套用了《考工记》中面朝后市的都城布局手法，南面是宫殿，北面是集市，但实际上，这种布局形式是由当时的地形与水系等客观条件所决定的，并非套用《考工记》中古老的概念。这也体现出我们的祖先在千百年的都城建设中因地制宜始终是筑城的指导思想。

在元大都城内，除了重要的皇家、官署建筑群外，都是细如牛毛、交错相通的道路，全城的道路分为干道和胡同两类，主干道宽约 25 米，胡同宽约六七米。胡同这种北京对小街巷特有的称呼，似乎也起源于元大都时期，据说胡同一词是蒙语的音译，但具体指什么，学术界却有较多争议，其中较为强势的一种说法是在蒙古语、突厥语中，水井一词的发音与胡同非常接近。在历史上，北京喝水也主要依靠水井，因此水井便成为居民聚居区的代称，进而成为街道的代名词，由此也就产生了胡同一词。由于北方的民居大多采用以南北向为主的布置方式，所以胡同大多以东西走向为主，在两胡同间的地段上划分出住宅用地，这种布局方式也造就了日后北京著名的胡同与四合院两大民间文化体系。

在我国古代，一个强盛的统一王朝之前一般都会出现另一个短暂的统一王朝，就好似汉朝之前有秦朝，唐朝之前是隋朝，以及元朝之于明朝，这好像是一种历史宿命，但实则是一种社会规则重塑前的适应过程。短暂的少数民族统治随着朱元璋大军的到来，元惠宗携后妃、太子、公主出城北逃而告

Central Axis of Beijing

一段落。明灭元之后，元大都改称为北平，自此城市的发展进入了一段短暂的蛰伏期，但元大都时形成的那条中轴线却像一道深深的烙印永远地印在了这片大地上。

起兵于南方的朱元璋于公元 1368 年在虎踞龙盘之称的南京称帝，心心念念迁都于长安或者洛阳的愿望随着太子朱标的去世，竟然成为朱元璋至死都没有实现的夙愿。朱元璋驾崩后，传位于皇太孙朱允炆，即建文帝。为了巩固皇权，给自己的皇孙铺平道路，朱元璋几乎诛杀了全部可以对皇位构成威胁的权臣。封疆大吏全部由自己的几个儿子担任，各个手握兵权。心思缜密的朱元璋自认为已经无人可以威胁到朱家的皇位，但却万万没有想到正是这种安排，为自己的皇孙惹来了大麻烦。建文帝继位后，深深地感受到了这种来自各位皇叔藩王们的威胁，为了巩固皇权，与亲信大臣齐泰、黄子澄等密谋削藩。周王、代王、齐王、湘王等先后被废为庶人，或被逼自杀。同时，以边防为名调离燕王朱棣的精兵，欲铲除朱棣，朱棣在姚广孝的建议下以"清君侧，靖内难"的名义起兵，最后率军从北平起兵南下，攻占了都城南京，建文帝在宫城的大火中不知所踪，去向也成为一桩千古谜题，这就是历史上著名的"靖难之役"。这实际上就是一场明朝统治阶级内部争夺帝位的战争，原来的统治者为了削藩，却被藩王所灭，实乃世事难料。建文帝为别人做了嫁衣，自己却陷入万劫

前门大街

不复的境地，这种命运其实在朱元璋时期就已经注定了。

朱棣继位后，改元永乐，史称永乐大帝。他生于南京，早先被封为燕王，就藩北平之后，朱棣在此经营多年，根基颇深。北平是朱棣兴王之地，称帝后，他虽身居南京，但心中总有一个迁都北平的意愿。此外，明朝初年，元朝残余势力时常南下作乱，处于北方农耕区与游牧区交汇处的北平，可依地形扼守北方高原进入华北平原的交通要道，定都于此不仅可以抗击入侵的蒙古人，而且可以进一步控制东北地区，由南则可回师中原，对统治全国极为有利。

明成祖朱棣为了迁都北京，先是在北平附近的昌平修建了自己的万年吉地——长陵，表明了自己迁都北平的决心。之后又将反对迁都的大臣一一革职或者严惩，从此再无人敢反对迁都一事。从永乐四年（公元1406年）起，以南京宫殿为蓝本营建北京宫殿，永乐十八年（公元1420年）宫殿建成，遂正式迁都北平顺天府，改名曰京师，之后南京便成为明朝的陪都。

明代的北京城是在元大都的基础上进行改建的。由于元大都城内北部的空间直到元朝皇室败走漠北时仍旧荒凉，为了集中兵力应对伺机南下的蒙古骑兵，明代北京将大都北面约5里宽的荒凉地带抛弃，新建了北段城墙。明成祖迁都北京后，为了复制南京时的政治制度，在皇城前（现今天安门广场的位置）建立了五府六部等衙署机构，所以又将南段城墙向南移动了1里左右。到了明代中期，军事实力每况愈下的大明王朝，居然被蒙古铁骑多次迫近京师，遂于嘉靖三十二年（公元1553年）时，加筑外城一道，但是有限的财力只把原来南城外的天坛、先农坛以及稠密的居民区包围起来，而西、北、东三面的外城则无力继续修筑，直至清朝时北京城的轮廓再也没有改变过。所以今日我们看到的在城墙基址上修建的北京二环路就是一个奇怪的"凸"字形，起因就是这次外城加筑事件。

都城范围的整体南移，造成的结果就是城市变成了以皇城为中心的布局，随着明代紫禁城以及其他皇家建筑的完工，那条伟大中轴线上的建筑面貌便就此形成，从最南侧加筑的外城城门永定门进入城内，是一对对称于中轴线两侧的大型祭祀建筑群，东侧的是帝王祭祀皇天、祈求五谷丰登的天坛，西侧的则是皇帝亲领文武百官行籍田礼的先农坛，它们寄托了王朝统治者们期盼来年风调雨顺，国家太平的美好愿望。

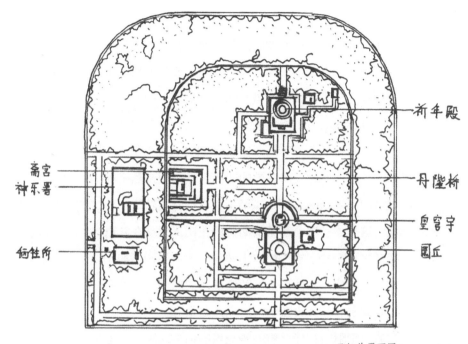

祈年殿

丹陛桥

皇穹宇

圜丘

斋宫
神乐署

牺牲所

天坛总平面图

皇帝势必参加每年的祭祀活动。穿过天坛与先农坛后是一片面积广大的普通居民区，今日位于中轴线上著名的前门大街将两旁零零碎碎的小胡同串联起来形成一片重要的商业区，这种城市布局源自清朝时不平等的民族政策，因为被统治的汉人只能居住在外城，但汉人善于经商，所以就在内城大门——正阳门外的中轴线两侧形成了大片的居民与商业区，正因为这里汇聚了足够的人气，这里也成为当时北京城中最热闹繁华的地区。除此之外，还有一个奇特的地方需要指出，那就是中轴线西侧的那片胡同，不约而同地呈现出一种东北至西南的走向，与北京城中其他地区正南北向的布置方式截然不同。其实这还要再提起元朝时期的往事，当时新的都城建好后，原来的金中都并没有荒废，而是形成一种金中都与元大都并存的城市格局，由于金中都位于元大都的西南方，所以城外连接原来金中都的道路呈现出一种东北向西南的走向，而且一直延续至今。

穿过了那片人声鼎沸的热闹之地，便来到了内城城门正阳门的脚下，如果不是嘉靖时期新筑的外城，这里才是整个都城最南侧的正门，但现在它已经把这一殊荣让与了永定门。如今，站在正阳门前，总有人迷惑，为什么会有两座高大的城门在前后不远处耸立着。其实在明清时期，这里有一座巨大的瓮城，正阳门主楼之前的是瓮城的箭楼，因为位于中轴线上，正阳门箭楼是内城九门中唯一一座箭楼下开门洞的瓮城，专走龙车凤辇。新中国成立后，城墙连同瓮城一同被拆除，独留下了正阳门和箭楼，没有了城墙联系的两座城楼，便孤零零地永远分离了。现在不知晓其中历史的人，总以为那是两座城门。

绕过了内城正门，接下来的中轴线两侧恐怕是改变最为巨大的一段了，如果从东侧绕行，首先映入眼帘的是中国国家博物馆，如果从西侧绕行，那么第一眼看到的则是人民大会堂。但不管如何绕行，正阳门正北方的毛主席纪念堂始终是人们视线的焦点。自 1949 年 10 月 1 日起，天安门广场上高高升起了鲜艳的五星红旗，宣誓着中华民族悠久的历史翻起了崭新的一页。天安门广场的前身是明清时期的千步廊，位于正阳门之北，天安门以南的长条形空间内，整体上呈一个"T"字形，南侧原有单檐歇山顶的大清门（明时称为大明门，民国时叫中华门），其北侧左右各有东西向廊房110间，所以称为"千步廊"。"T"字形广场的南端东接长安左门，西接长安右门，长安左、右门又因"左青龙，右白虎"而得名龙、虎门。旧时千步廊是六部、五府和军机事务的办公地。按文东武西的建筑格局，文官在东千步廊，武官在西千步廊。随着新中国的诞生，旧时的那套衙门体系早已寿终正寝，在北京旧城改造中，大清门和东西两侧的千步廊，以及长安左门、长安右门均已被拆除，但时至今日天安门前的长安街名，仍是出自长安左门和长安右门，因而也是千步廊"T"字形广场遗留下的少许痕迹之一了。

取而代之的天安门广场，是由国家博物馆、人民大会堂和毛主席纪念堂从东、西、南三侧环绕形成的世界上最大的广场。此时，安详、自由的气氛取代旧时衙门前压抑、恐惧的氛围，位于中轴线上的五星红旗随风飘扬，也让我们深刻感受到中华民族伟大复兴的强劲动力。天安门广场是我们每一位中国人心中的向往之地，位于中轴线上的这一段实在是承载了中华民族太多故事了。

如果说天安门前的美是一种来自现代城市的美，那么从天安门起，我们将目睹一段中国古代建筑巅峰的经典之美。出现在国徽上的天安门是我们国家的伟大象征，高台之上九开间重檐歇山顶的天安门，曾经是明清时期皇城的正门，明时称为"承天门"，取"承天启运，受命于天"之意。清顺治八年（公元1651年）改建并易名为"天安门"，含"受命于天"和"安邦治民"的意义。皇城在明清时是一座全封闭的城池，高大的皇城墙，也叫萧墙。墙身通体红色，顶覆黄琉璃瓦，墙高一丈八尺，周长11公里，大致方正但不对称的皇城将紫禁城与西侧的皇家苑囿包绕起来，这是一座举世无双且尽善尽美的城中之城，艳丽的颜色使其从青砖灰瓦的北京城中瞬间凸显了出来。

在天安门高大的城台下，有五个拱形门洞，这便是天安门实际上的门了。在五个门洞中，中间的门洞最大，等级最高，明清时只有皇帝才可由此门通过。其余四个门洞分列左右。依次缩小，允许宗室王公和三品以上的文武官员出入。最外的两个门洞最小，为四品以下官员

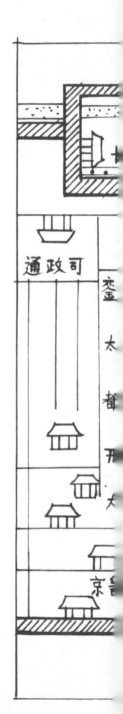

千步廊平面示意图

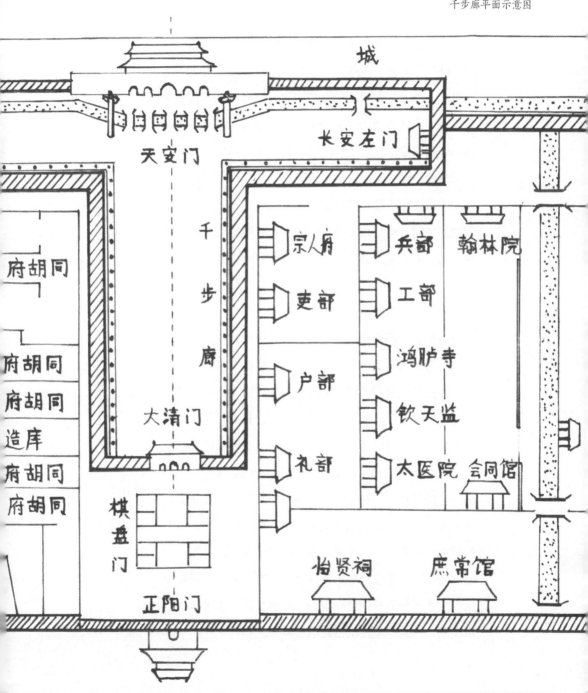

城

天安门

长安左门

千步廊

府胡同

宗人府

兵部

翰林院

吏部

工部

府胡同

府胡同

户部

鸿胪寺

造库

钦天监

府胡同

礼部

太医院 会同馆

府胡同

大清门

棋盘门

怡贤祠

庶常馆

正阳门

的通道。关于是否能走中轴线上正中的大门，曾经发生过这样一个有趣的故事，明正德十六年（公元1521年）四月二十日，明朝第十位皇帝明武宗驾崩，由于武宗死后无嗣，因此张太后（明武宗的母亲）和当时的内阁首辅杨廷和决定，由近支的皇室、武宗的堂弟兴王朱厚熜继承皇位，他就是后来大名鼎鼎的嘉靖皇帝。根据杨廷和的安排，原本要礼部以太子的礼仪迎接兴王朱厚熜，即由东华门入紫禁城，居文华殿。但朱厚熜无法接受这种方案，双方互不妥协，但国不可一日无主，最后还是由皇太后令群臣上笺劝进，朱厚熜在郊外受笺，从大明门入紫禁城，随即在奉天殿（太和殿）即位。由这个故事可以看出，那条象征权力与地位的中轴线，无论是帝王还是未登基的王爷都视其与皇位一样重要。

今日，当我们怀着平和的心态穿过天安门后，我们便进入了"五门三朝"中的第一道门，在我国汉族营建的宫殿中通常遵循"五门三朝"的周礼古制。明清北京皇城也不例外，它以天安门、端门、午门、太和门、乾清门表征"五门"中的皋门、库门、雉门、应门、路门；以太和、中和、保和三大殿表征"三朝"中的外朝（大规模礼仪性朝会）、常朝（日常议政朝会）、燕朝（定期朝会）。这些串列在中轴线上的门楼与殿宇，通过一系列大小不一的庭院空间组合，一步步掀起了阵阵的建筑高潮，这是一组中国古建筑经典中的巅峰之作。

走在天安门细长的内院中，对面似乎是一座与天安门完全一样的门楼，这就是天安门的"双胞胎兄弟"——端门，曾经端门与天安门一样，中间悬挂着毛主席像，两边也都贴着标语。在拍摄影视作品《开国大典》时，因为天安门的登城梯道已经被改造过了，所以毛主席登临天安门的镜头便选择了在端门进行拍摄。由于建筑形制几乎相同，端门在空间组合上，起到了强化天安门建筑形象的作用，这也是古建中常用的重复手法。在功能上，端门城楼在明清两代主要是存放皇帝仪仗用品的地方，比起其他几座门，显得低调了许多。值得一提的是，端门的东西两侧，对称建有太庙与社稷坛，这也是对《考工记》中"左祖右社"的忠实反映。

在影视作品中，经常听到拖出午门斩首的台词，那里好似是一个非常血腥残暴的地方，午门到底是个怎样的模样，探奇的心理又从中作祟，驱使我们加快了脚步穿过端门。远远望去又是一个细长的院落，但尽头的城门已不再是端门那般平直，而是像一个张开双臂的巨人，这里就是整个都城最后一道防御体系——宫城（紫禁城）的正门。午门的平面呈倒"凹"字形，其形制是从更古的宫阙逐渐演变而来，阙是一种古代建筑门前的礼仪性建筑，形如门楼而中缺门扇，故称为阙（缺）。午门下部的城台高达 12 米，正中开有三门，两侧还各开一掖门，俗称"明三暗五"。这五个门洞，中门为皇帝专用，此外，还有两类人可以一进一出，皇后大婚时凤舆可从中门进宫，殿试传胪后状元、榜眼、探花可从中门出宫。东门供文武官员出入，西门供宗室王公出入，两掖门只在大型活动时开启。墩台上的正楼用头等形制的九开间重檐庑殿顶并向两翼伸出"雁翅楼"，翼端和转角部位各建重檐方亭一座，形成一殿四亭与廊庑组合的极为壮观的门楼。这种巨大的三面环抱的城门形象，造就了压倒一切的、极具威慑力的森严气概。所以这里只有皇家宫门前庄严的气氛，而没有影视作品中的那种恐怖氛围。其实影视作品中的那种说辞有误导观众之嫌。在明朝时期，这里是惩戒大臣对其进行廷杖的地方，廷杖就是在朝廷上行杖打人，至于采取何种打法则由监刑官按皇帝的密令决定，如果监刑官脚尖张开，那么就是"着实打"，可能会导致残废，而如果监刑官脚尖闭合，那么就是"用心打"，则受刑的大臣必死无疑。仅明代大宦官刘瑾就曾在午门杖毙过 23 位大臣。所以这里没有斩首的恐怖场面，但夺人性命确是真真切切发生过的。

午门的背影

南北长961米，东西宽753米，占地72万平方米的紫禁城，不仅有一圈高达10米的城墙环绕，而且四周还有一圈宽52米、深达6米的护城河拱卫。除了南面的正门——午门外，还有北面中轴线上的后门——神武门（明称玄武门），东西两侧的东华门和西华门。城墙四角各有一座角楼。角楼采用曲尺形平面，上覆三重檐歇山十字脊折角组合屋顶，有九梁十八柱七十二条脊，是

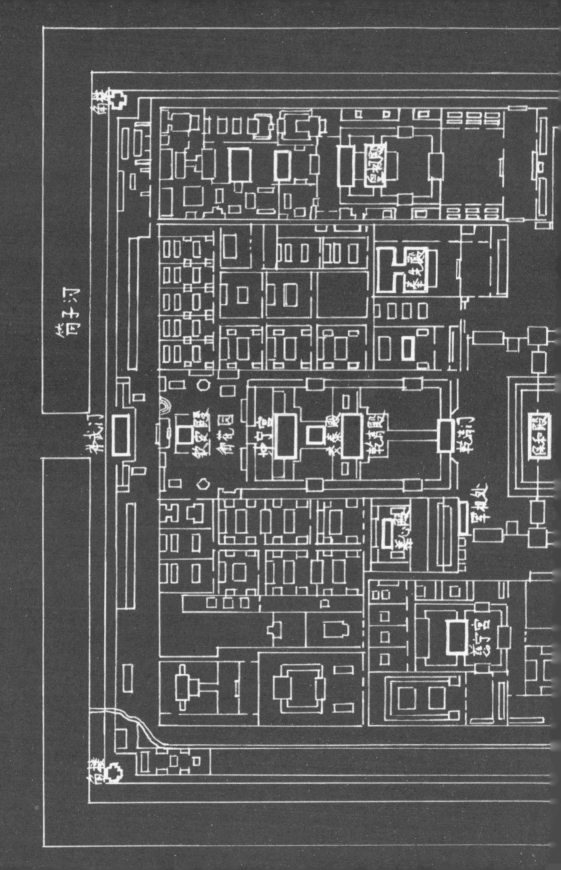

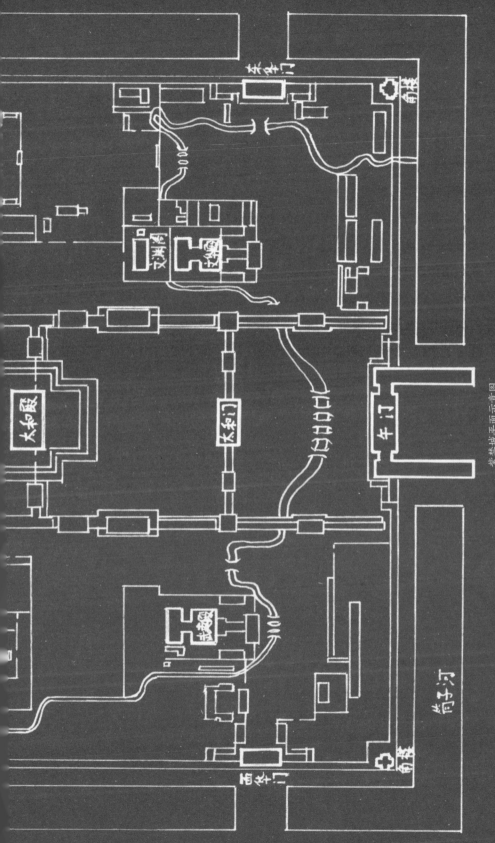

紫禁城平面示意图

紫禁城中屋脊最多的一类型建筑。因其优美的造型，在晴好的天气里，角楼外的护城河边吸引了无数的摄影爱好者们拿着"长枪短炮"，誓要拍出一张最美紫禁城角楼的照片。

　　紫禁城中的建筑，大体上可分为外朝和内廷两大部分。进入午门后，便进入了紫禁城外朝部分的第一进院落——太和门庭院，也是太和殿的前院。在经过了两个细长的庭院后，终于迎来了一个较为开阔的长方形院落。眼前的这座坐落于汉白玉须弥座上的太和门，是外朝部分的第一座宫门，不同于前几座城门，采用了屋宇门的最高形制，面阔九间，

西北角楼

进深四间，上覆重檐歇山顶，左右两侧有昭德、贞度两座
掖门陪衬，整体构图呈现出一种稳定的三角形，场面宏大、
端庄。院落中内金水河蜿蜒流过，对称的形状好似一把弯
弓形，五座内金水桥从其上跨过。内金水河不仅将院落划
分成南北变化的两部分，而且曲线的造型也打破了各种直
线元素的呆板。走过内金水桥，转身回望午门，那巨大的
背影好似山影一样，有种气势凌人的威逼感，多亏了长方
形的院落既组织起了门与门的联系，又包容了不同体量的
建筑，使他们和谐地完成了转换，最重要的是，太和门庭
院作为之后紫禁城建筑高潮部分——太和殿庭院的前导部
分，圆满地完成了铺垫与过渡的作用。

　　太和门始建于明永乐年间，初称奉天门，后改称皇极
门，清代随着奉天殿改名为太和殿，奉天门随即也改称为

太和门庭院

太和门。在天子五门的序列中，它相对于应门。"应门者，居此以应治"，太和门在明代是"御门听政"之处，皇帝在此接受臣下的朝拜和上奏，颁发诏令，处理政事。清康熙以前的皇帝均在此听政，后来"御门听政"改在了乾清门。光绪十四年（公元1888年)十二月十五日，在光绪皇帝大婚前，太和门突然失火，大火烧了两天两夜。这不单是不吉利的征兆，而且皇帝大婚，根据大清礼法，皇后须从大清门入，途经太和门。假若皇后从太和门废墟上而入，那就太失皇家的体面了。

太和殿前的香炉

太和殿

但要重建已经来不及了，眼看皇帝大婚的日子越来越近，无奈之下，清廷召集了众多工匠在太和门的原址上扎了一座和太和门一模一样的彩棚，终于，大婚时皇后平稳地通过了太和门，此事也得到了圆满解决。次年，重修太和门的工程启动，太和门也成了重修建福宫花园之前紫禁城里最年轻的建筑了。

翻越了太和门后，一个3万多平方米、可容万人盛典的巨大殿庭出现在我们的面前。这里就是整个紫禁城的核心——太和殿广场，处在中轴线正中的太和殿，下承三层汉白玉须弥座台基，殿身面阔十一间，上覆黄琉璃瓦重檐庑殿顶，屋脊上的仙人走兽达十一件。太和殿上的走兽数量是中国古建筑中唯一一个有10件走兽的特例，再加上最前端的仙人，总

太和殿上的仙人走兽

计有 11 件。据说这位骑着凤凰的仙人是东周时齐闵王的化身，他曾经被燕将乐毅所打败，仓皇出逃，走投无路时，一只凤凰突然飞到他面前，齐闵王便骑上凤凰，最终得以逃出生天。所以后来在屋檐的最前端放置仙人有逢凶化吉的象征。在仙人之后的走兽，则依次为龙、凤、狮子、天马、海马、狻猊、狎鱼、獬豸、斗牛、行什。这些瑞兽各有本领，可以消灾灭祸、剪除邪恶、主持公道，同时还可保佑国泰民安与风调雨顺。彩画均为金龙和玺，处处采用了我国古代最高级的建筑形制，充分保证了主体建筑唯我独尊的气势和金碧辉煌的壮美。整个殿庭周边，南有太和门与昭德、贞度两座掖门，东西有体仁、弘义两阁，北部两侧还各有掖门、崇楼，等等，整体以较合理的尺度衬托主殿——太和殿的分外宏大。太和殿殿身没有

凸入殿庭，前檐几乎与两侧北墙齐平，由此保持了整个院落的最大深度和方整形态。三层须弥座台基将太和殿高高托起，壮大了主殿的整体体量。须弥座前方层层扩大的月台与前伸的台阶，不仅将主殿殿身单薄的二维立面转化为敦实的三维体量，而且也避免了殿庭空间过于空洞。月台上不仅放置有18个鎏金的大铜鼎，还陈列着象征治理国家权力的日晷、嘉量；以及寓意龟龄鹤寿、江山永固的铜龟、铜鹤。这些都用以渲染至高无上的神圣皇权。总的来说，太和殿殿前的院落是一处综合了整体布局、空间层次、建筑规制、色彩装饰的巨大殿庭。

其实，如果从空中看太和殿的须弥座，实际上它是一个巨大的"工"字形平面，"工"字形平面

太和殿庭院

长边与短边的比例正好是 9：5，有九五至尊的寓意。与太和殿一同坐落于须弥座上的还有中和殿和保和殿，三大殿一同构成了周礼古制中的"三朝"。太和、中和、保和三大殿均建于明永乐十八年（公元 1420 年），后经过多次重建、重修，明初时名为奉天殿、华盖殿、谨身殿，清朝顺治时，改为今名，并一直使用至今。三大殿之首的太和殿是举行最隆重庆典的场所，皇帝登极、大婚、册立皇后、命将出征和元旦、冬至、万寿三大节，都在这里行礼庆贺。如今，又是因为影视资料的误导，很多人认为古代平日里太和殿是皇帝上朝的地方，其实并非如此。明清皇帝上朝的地方主要在太和门(明朝时)、乾清门（清朝前期）、乾清宫（有大事或突发的事情时皇帝召见大臣所在地），还有养心殿（清朝后期），并不是平时所说的太和殿。在太和殿的后部，一座四角攒尖顶，平面方正的殿宇夹在太和殿与保和殿的中间，它就是中和殿，它担负了庆典前的皇帝休憩的功能；

铜鹤

铜龟

而三大殿最后的保和殿在明代则是庆典前皇帝更衣的地方，清代改为皇帝的赐宴厅和殿试的考场。由这些功能可见，外朝三大殿的职责更多是服务皇帝与国家礼仪方面的。此外，外朝部分还有簇拥在太和殿广场左右的文华、武英两殿，文华殿在明代是皇太子的东宫，清代则是举行经筵的地方，殿后的文渊阁是藏书楼，著名的《四库全书》4900余卷就曾收藏于此；武英殿与文华殿相对，李自成、多尔衮、顺治、康熙等都曾短暂在此居住或处理政务，后来这里开设书局，成为清帝御用的出版机构，刻印了大量的书籍，这些刻写精致、纸张优良、墨色光泽的官印书籍就称为"武英殿本"。一文一武的文华、武英成为太和殿的左辅右弼，影射着皇帝的文治武功。

当我们再次回到中轴线上，前朝后寝的传统布局在紫禁城中得到忠实的体现，后寝部分由两宫一殿组成，即乾清宫、交泰殿、坤宁宫。从平面上看，后寝好似微缩的前朝，是对前朝部分完美的呼

嘉量　　　　　　　　　　　　　日晷

应。在明代和清初康熙皇帝时，乾清宫一直是皇帝的寝宫，雍正以后清帝移居养心殿，乾清宫改作皇帝召见廷臣、处理日常政务的场所。坤宁宫在明代是皇后的寝宫，清初改为宫廷萨满教祭祀之所，兼做皇后正宫。交泰殿为后来加建，是为皇后举行生日庆典的地方。保和殿身后有一较窄的乾清门庭院，北部就是后寝正门——乾清门，门前两侧有宅门常用的"八"字形影壁，强烈地标示出"寝宫"的身份，这里也曾是

乾清门旁的影壁

清代"御门听政"的地方。就在乾清门的西侧，有一
排不起眼的朝房，这里就是大名鼎鼎的军机处，雍正
时期设置的军机处总揽了国家的军政大权，成为事实
上的最高国家执政机关。军机处完全置于皇帝的直接
掌握之下，等同于皇帝的私人秘书处，是中央集权进
一步加深的体现，虽然地位颇高，但在形式上却始终
处于临时机构的地位，这其中便有皇帝担心自己权利
被架空的考虑，所以军机处是一种十分微妙的存在。
据说军机处有一条通道直接连通后方皇帝居住的养心
殿，距离大概不到百米。比起明朝时，从午门东侧内
阁的办公地点到乾清门 700 米的距离，执政效率不知
高了多少倍，这也是明代政治体制弊端的一处体现。
后三宫整体呈一封闭的纵深宫院，两宫一殿与前朝一
样，共同坐落在一个工字形台基上，前后分为三进，
周边环绕着廊庑，两侧有日精、月华等 10 座门分别
通往东西六宫等处，后门是通往御花园的坤宁门。整
体上看，虽然后三宫好似前三殿的重复，但重复的空
间布局有助于突出与强化前三殿与后三宫的空间形
象，突出皇帝起居之处唯我独尊的地位，同时，也利
于内寝对外朝的照应与衔接，有助于中轴线上建筑风
貌的和谐统一。

乾清宫面阔九间、进深五间，建筑面积 1400 平方米，自台基面至正脊高 20 余米，上覆黄琉璃重檐庑殿顶。殿内正中有宝座，宝座上方悬挂有清朝顺治皇帝御笔亲书的"正大光明"匾，这个匾的背后藏有密立皇储的"建储匣"。清朝早期，皇子之间夺取皇位的斗争相当激烈，为了缓和这种矛盾，自雍正朝开始采取秘密建储的办法，即皇帝生前不公开立皇太子，而秘密写出所选皇位继承人的文书，一份放在皇帝身边；一份封在建储匣内，藏到"正大光明"匾的背后。老皇帝死后，由顾命大臣共同取下建储匣，和皇帝密藏在身边的一份对照验看，经核实后宣布皇位的继承人。在乾清宫两头设置有暖阁，因其殿内空间过于高敞，暖阁被划分为多个且上下两层，以适于居住，暖阁的划分不仅加强了居住的舒适性，而且皇帝每晚就寝于不同的暖阁内，也有防范刺客的考虑。嘉靖年间因皇帝残暴荒淫的统治，就发生了十余名宫女趁其熟睡时企图勒死他的"壬

寅宫变"，之后嘉靖帝移居西苑，再不敢回乾清宫居住了。乾清宫的南庑房还有一南书房，据记载，年少的康熙皇帝就在这里智擒了鳌拜，除去了心腹大患。此外清朝时，乾清宫还是皇帝殁后停放灵柩的地方。即使皇帝殁在其他地方，也要先把他的灵柩运往乾清宫停放几天，再转至景山内的观德殿，最后正式出殡。顺治皇帝殁在养心殿，康熙皇帝殁在畅春园，雍正皇帝殁在圆明园，咸丰皇帝殁在避暑山庄，他们的灵柩都曾被运回乾清宫，停放在这里并按照规定举行祭奠仪式。

比起外朝部分，乾清宫似乎是陪伴明清皇帝度过统治生涯的关键，是国家真正的统治中心。

乾清宫庭院

乾清宫

　　由于皇室家族的庞大，在后三宫的东西两侧对称
地布置有东、西六宫，作为众嫔妃的住所。在东、西
六宫的后部，还对称地建有皇子居住的乾东五所和乾
西五所十组院落。在东六宫的前方建有皇帝家庙——
奉先殿与皇帝祭祀前的斋戒之所——斋宫；在西六宫
的前方建有养心殿，就是连通军机处的雍正寝宫。在
西六宫更西的外西路一带建有供太后、太妃起居礼佛
的慈宁宫、寿安宫、寿康宫和慈宁宫花园、建福宫花园、
英华殿佛堂等。在东六宫更东的外东路附近，在乾隆时，
扩建了一组名为宁寿宫的建筑群，原本想作为乾隆归
政后的太上皇宫，是紫禁城中的"宫中之宫"。除了
这些主要殿宇外，紫禁城内还散布着一系列值房、朝

乾清宫内正大光明匾

房、库房、膳房等辅助性建筑，它们就如同天上的繁星一般，拱卫在中轴线上的前三殿与后三宫身旁，共同组成这座规模无比庞大，但布局却井然有序的皇宫。

在我国古代社会中，处处体现着森严的等级秩序，中轴线上的建筑屋顶按照重檐、庑殿、歇山、攒尖、悬山、硬山的等级次序使用，其中等级最高的午门、太和殿、乾清宫、神武门用重檐庑殿顶，天安门、端门、太和门、保和殿次之用重檐歇山顶，其余殿宇按等级相应降低级别。屋身则以十一开间的太和殿最为高贵，天安门、端门、午门以九开间次之，其他门、殿也按等级相应降低级别。除此之外，色彩的使用也有等级限制，庶民庐舍用黑、灰等色调；百官宅第可用青、绿色调；帝王、贵族的宫室则可用最为绚丽高贵的金、朱、黄等色。最后，紫禁城还通过建筑的数量、方位，尽可能地附会阴阳五行的象征。例如，前三朝位于南侧，属阳，后两宫（后加建交泰殿）位于北侧，属阴；皇子居住的东西五所属阳，妃子们居住的东西六宫属阴。整个紫禁城中阳中有阴，阴中有阳，阴阳调和的传统思想贯穿了整座宫殿的布局。

从北边坤宁门继续沿着中轴线向北，便进入了紫禁城后部的御花园，这里明代称为宫后苑，清代改称御花园。全园南北纵 80 米，东西宽 140 米，占地面积 12000 平方米。园内主体建筑为钦安殿，殿内供奉道教的真武大帝，钦安殿也成为中轴线上唯一的道教宫观。御花园以钦安殿为中心，向东西南三边铺展亭台楼阁，园内松、柏、竹间点缀着假山石。紧凑的宫廷园林是皇帝后妃们茶余饭后休息游乐的地方，但清朝皇帝似乎对此并不满足，更多时候喜欢待在景致宏大的圆明园与避暑山庄等皇家园囿中。

从顺贞门出御花园，我们的中轴线之旅紫禁城段就来到了它的结尾——北门神武门，神武门初名玄武门，取古代"四神"左青龙、右白虎、前朱雀和后玄武中的玄武，代表北方之意，后因避康熙皇帝玄烨名讳改名神武门。城楼为最高等级的重檐庑殿顶，城台开有三门，帝后走中间正门，嫔妃、官吏、侍卫、太监及工匠等均由两侧的门出入。1924 年，清朝宣统帝溥仪被驱逐出宫即由此门离去，标志着中国封建时代彻底结束。

中轴线上紫禁城段告一段落了，但中轴线并未终结，与神武门直对的是景山，早在辽金之前这里因为河道改移，便形成了一处地势较高的土丘，之

景山上的万春亭

后历代修建园林时在此堆土成山，逐渐形成今日之山势，元代时这里被辟为皇帝游赏的后苑。永乐年间，明成祖朱棣大规模营建北京城时，认为紫禁城之北乃是玄武之位，应当有山，故将挖掘紫禁城筒子河与西侧苑囿河湖的泥土堆积在此，形成五座山峰，称为"万岁山"。明初，又在此堆煤备战，以防元朝残部围困北京引起燃料短缺，故又称此山为"煤山"。明崇祯十七年（公元1644年）三月十九日，李自成军攻入北京，明思宗朱由检缢死于万岁山东麓一株老槐树上。清军入关后，为笼络人心，将此槐树称为"罪槐"，用铁链锁住，并规定清室皇族成员路过此地都要下马祭拜。如今此槐已死，空留有一处遗迹供人感慨世间王朝更替，物是人非。

景山明思宗殉国处

顺治八年（公元 1651 年），万岁山改称为景山。乾隆年间在山前修建了绮望楼，依山就势在山上建筑五方佛亭。中心建有万春亭，东侧依次建有观妙亭和周赏亭，西侧依次建辑芳亭和富览亭。在山后重修寿皇殿建筑群，使景山成为紫禁城后的重要组成部分。时至今日，站在景山最高处，向南眺望整个紫禁城，如果是夕阳西下的晴好天，金色的阳光打在无数的黄琉璃瓦顶上，仿佛有天上宫阙降落人间的感觉。

越过景山，彻底告别了紫禁城之后在中轴线上原本还有一座名叫地安门的皇城后门，它与天安门南北互相对应，寓意天地平安，风调雨顺。地安门是北京皇城四门之一，除了皇城正门天安门以外还有东安门、西安门，现如今，地安门以及东安门、西安门都因阻碍交通等原因而全部被拆除，只留有一处地名供后人思忆当年。据说当时地安门拆除所得的构件，连同砖石及琉璃瓦等构件被运往天坛，计划在天坛内原样复建地安门，但是后来因为天坛内发生火灾，地安门木质建筑构件全部被烧毁，复建地安门的计划遂告终止。

与曾经地安门北望的是中轴线最末端的钟鼓楼，钟鼓楼是一组南侧鼓楼与北侧钟楼的组合建筑，鼓楼是一座三重檐歇山顶，灰筒瓦绿琉璃剪边，通高46.7米的砖木结构建筑，与城楼有几分相似。鼓楼二层大厅中原有二十五面更鼓，一面大鼓（代表一年），二十四面群鼓（代表二十四个节气）。仅存一面残破的主鼓为清朝末年使用，牛皮鼓面上的划痕是八国联军入侵北京城时刺刀所划。钟楼也为重檐歇山顶，上覆黑琉璃瓦绿琉璃剪边，通高47.9米的全砖石结构建筑。钟楼东北角有一登楼的小券门，内有75级台阶可至二层。整个建筑结构强调了共鸣、扩音和传声的功能，这种设计在中国钟鼓楼建筑史上是独一无二的。钟楼二层陈列的报时铜钟制造于明永乐年间，铜钟悬挂于八角形木框架上，钟身高5.5米，下口直径有3.4米，重达63吨，是目前中国现存铸造时间最早、重量最重的古钟，堪称中国的"古钟之王"。

暮鼓晨钟，曾经是元明清时期京城的报时方法，昔日文武百官上朝与京城百姓生息劳作均以此为度。清代原规定钟楼昼夜报时，后来改为夜里只报两个更时。古代人们把每夜划为五更（古代夜间计时单位，每更次为一个时辰，相当于现代的两个小时），即黄

钟楼

昏戌时 (19 时至 21 时) 称定更；人定亥时 (21 时至 23
时) 称二更；夜半子时 (23 时至晨 1 时) 称三更；鸡鸣
丑时 (晨 1 时至 3 时) 称四更；平旦寅时 (晨 3 时至 5 时)
称五更，又称亮更，即天明之意。定更和亮更报时皆先
击鼓，后撞钟，击鼓的方法是先快击 18 响，再慢击 18
响，共击 6 次，共 108 响；撞钟与击鼓相同。而二至
四更报时为了不影响大家睡眠则只撞钟不击鼓。每晚戌
时定更，钟声响，城门关，交通断，称"净街"。古时，
由于北京城大多是平房，钟鼓的声音可传达 5 公里多，

覆盖62平方公里的老城区，北京的九个古城门也依据听到的钟鼓声，再鸣点，关启城门。正所谓"都城内外，十有余里，莫不耸听"。但是随着1924年废帝溥仪离开紫禁城，响彻这片天地的暮鼓晨钟也完成了自己的历史使命。

走过钟楼后，这条距今已有750余年历史的古代中轴线便到此结束了，回首再看这条7.5公里长的中轴线，始于永定门，终于钟鼓楼，她就像一条巨龙一般俯卧在这片古老的大地上。不但建立起摄人心魄的壮美秩序，更构建起了整个北京城独特的城市灵魂。

中轴线鸟瞰图

第十章 北京城中的藏式宝塔

Chapter 10

an Pagodas in Beijing

　　除了壮美中轴线上的皇家建筑，在仿若棋盘格的老北京城中，还散落着大大小小的佛寺，犹如天空中闪烁的点点繁星，他们亮丽的色彩混杂在灰砖青瓦的大片民居中同样显得格外引人注目。从寺庙服务的对象来说，他们有的是皇帝、班禅御用的寺庙，有的是达官贵人捐建的家庙，还有的是面对芸芸众生的普通寺院。皇家寺庙例如北海公园中的阐福寺，雍亲王府改建的雍和宫，班禅驻京地西黄寺，达官贵人的家庙例如明代司礼监太监王振的家庙智化寺，太监李童捐建的法海寺等。虽然北京的寺庙大多以汉传佛教寺庙为主，但曾经在此建都的蒙古人、满族人出于自身信仰以及笼络其他少数民族的目的，也曾兴建了众多的藏传佛教寺庙，其中遗留下来的以前文中提到的雍和宫、西黄寺较为出名，始建于

西黄寺塔旧影

　　元代的妙应寺和始建于明代的真觉寺也颇具特色。这些寺庙的建筑
风格模仿了藏传佛教寺庙的风格，更有甚者，寺庙直接由西域少数
民族工匠修建。这些藏传佛教寺庙的存在极大地增添了北京宗教建
筑的多样性与观赏性。

西黄寺塔   西黄寺塔塔身细部

　　说起藏传佛教建筑，就不得不提起藏传佛教背后的势力集团，他们古时曾与内地的元、明朝廷都保持着紧密的联系。藏传佛教在吐蕃王朝末代赞普朗达玛的灭佛行动中一度消沉了一个多世纪，当再次兴起的时候，各地出于对佛教理论、教条和解释的不同，先后形成了宁玛派、噶当派、萨迦派、噶举派、格鲁派等。各教派与各自所处地区的封建势力相结合，形成了西藏各地事实上的统治阶层。其中萨迦派的昆氏家族与蒙古王室联系紧密，在蒙古人建立元朝后，封昆氏家族领袖八思巴为元朝帝师，并帮助萨迦派独揽了西藏的统治大权。在之后的元末明初之际，通过宗教改革创立的格鲁派在西藏各地方势力的支持下又在派别林立的西藏政局中取得了优势地位，并得到了后来明朝统治者的肯定。由此可以看出，为了维护国家的完整统一，不管是在元朝还是在明朝，藏传佛教都得到了大力扶持与倡导，而作为国家首都的元大都与之后的明京师，身处权力中心更是藏传佛教建筑的兴盛之地。

山门外远观白塔

妙应寺，就是人们俗称的白塔寺，位于北京著名的西城区阜成门内大街。早在辽代时这里便建造过一座佛塔，后来毁于战火。待蒙古人建立元朝，定都北京后，元世祖忽必烈敕令在辽塔遗址上再建造一座喇嘛塔，遂委派尼泊尔匠师阿尼哥设计，经过八年施工，终于在公元1279年建成一座雄伟的白塔，并随即迎请佛舍利入藏塔中。同一年，忽必烈又下令以塔为中心兴建一座"大圣寿万安寺"。有关史书记载，确定这座寺庙占地范围的方式相当具有游牧民族特色，弓箭手从塔顶处射出弓箭，弓箭的射程就是寺院的范围，总计达16万平方米。寺院建造共历时九年，于公元1288年落成，因位于大都中轴线西侧，所以也被称之为"西苑"，是元代营建大都城的重要组成部分。自建成后，这里便一直是元朝翻译印刷蒙文、维吾尔文佛经和百官习仪的地方，并在元成宗时达到鼎盛。但公元1368年，一场惨烈的雷火烧毁了除白塔以外的所有建筑，这座元朝皇家寺庙的毁灭，也预示着这个由北方游牧民族建立的大帝国即将坍塌。在沉寂了一个甲子后，白塔在改朝换代中又迎来了新的春天，先是公元1433年由明宣宗敕命重修了白塔，后又在明英宗时重建了寺庙，新建成的寺庙被命名为"妙应寺"，但范围仅为元代时所建佛寺的中路狭长部分。在此之后的清朝，妙应寺常有修缮，康熙、乾隆皇帝也都曾御笔亲题重修碑文。清代末期，由于政局动荡，寺内香火不旺，僧人们将部分配殿和空地出租，逐渐形成了北京著名的四大庙会之一的"白塔寺庙会"，每到逢年过节时，这里总是人头攒动，热闹非凡，直至 1960 年，由于国家"三年困难时期"，"白塔寺庙会"被取消了。但在沉静了半个多世纪后，在对"白塔寺庙会"念念不忘的老街坊们的共同努力下，微缩版的庙会又在白塔寺社区的共享会客厅中复活了，失传已久的老吃食、老物件又重现于世，寺庙承载的民俗文化也找到了一种在新时代继续传承的新途径。

妙应寺现今遗存的布局采用前殿后塔的形式，中轴线上依次为山门、钟鼓楼、天王殿、三世佛殿、七世佛殿，以及最后一进的塔院。单层歇山顶山门与两侧照壁围合成八字形空间，山门正中额枋上有"勅赐妙应禅林"六个字，敕赐表明寺庙为皇帝赏赐，是高贵的象征。穿门洞而入，两侧对称布置两座两层四坡顶方形小楼，左边为钟楼，右侧则为鼓楼，简称之左钟右鼓。在我国古代中轴对称的建筑中，经常会出现左右对称的建筑或小品，除了左钟右鼓，还有左祖右社、左公右母等。左祖右社即为太庙居左，社稷坛居右，对称布置在皇宫中轴线两侧；左公右母则是说重

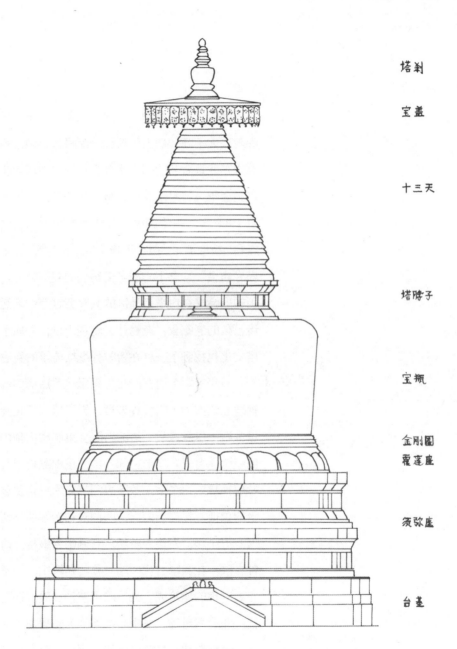

塔刹

宝盖

十三天

塔脖子

宝瓶

金刚圈
覆莲座

须弥座

台基

喇嘛塔立面图

要建筑入口两侧左右布置的石狮子，左边为公狮，右边为母狮，公狮右前掌下扶踩绣球一只，母狮左前掌下摁踩幼狮一头，以此来辨别公母。在此特别注意的是所有辨别左右均为身体面朝南向（当建筑为坐北朝南时），而非进入院落的行进方向。妙应寺的正殿为三世佛殿，与后部的殿均为单层庑殿顶，庑殿顶的使用表明了寺庙的显赫身份。在妙应寺中，建筑的精华与特色要数最后一进塔院中的白塔了，这种 51 米高并且拥有异域风情的塔，在曾经以汉式单层建筑为主的北京城中是何其新颖夺目。白塔以其巨大的体量宣示着宗教中心的存在，并召唤着四方信徒们前来。

在妙应寺白塔兴建的元代，蒙古统治者将大量的西域民族带入东亚地区，并允许他们在元朝政府中担任要职。同时，由于蒙古游牧民族十分依赖商品交换，且儒教抑商思想的减弱，都极大地促进了元朝与周边国家和地区的经贸往来，经济的大繁荣也使元大都俨然成为一座国际化的大都市。在这种多民族政治、经济交流甚为频繁的情况下，必然带动多民族文化交流的盛行。白塔的设计者——阿尼哥便是在这一文化大交流中脱颖而出的巨匠。阿尼哥，尼泊尔人，幼年时开始诵习佛经与工艺技术，并通晓梵文，他擅长绘画雕塑、铸造佛像与建造佛塔。公元1260年，帝师八思巴奉忽必烈之命建造黄金塔于吐蕃，遂征召善于建筑的尼泊尔工匠80余人，且以阿尼哥为首。次年塔成，阿尼哥请归，八思巴视其为奇才，劝其入朝，并收为弟子，同时授其秘典，并荐之于元廷。此后，阿尼哥供职元廷40余载，建造佛塔三座，寺庙九座，祠祀二座，道观一座以及大量雕像，其中最为出名的便是妙应寺那座白塔了。

白塔的基座

白塔顶部

　　白塔属于喇嘛塔的一种，与金刚宝座塔、过街塔并称为我国三大藏式佛塔。妙应寺白塔通体白灰，全部由砖砌筑而成，此塔上下比匀称，整体大气磅礴，是汉地藏式佛塔的经典作品。白塔的塔基呈亚字型，上下总计三层，上两层为须弥座，须弥座每边对称并向内收进两个折角，水平层叠的线条与对称突出的棱角在光照下显现出美丽的韵律感与变化感，使整个塔基既稳重，又不失动感。在须弥座之上，硕大的莲瓣组成一朵覆莲支撑着上部饱满的覆钵。覆钵形象地被称之为塔肚子，高僧的灵骨、舍利，或者佛像便放置其中，妙应寺白塔的覆钵由砖垒砌而层层外凸，上大下小的扩张曲线是专属的身份特征，塔肚子的造型也是区别不同喇嘛塔的外观特征。在覆钵之上有十三层相轮，也被称之为塔脖子，与其下的塔肚子相呼应。塔脖子上顶着一顶青铜伞盖，圆形的伞盖周边悬挂 36 个小铜钟，风吹铃响，铛铛铎铎，声音清脆。当仰目寻找塔上的小铜钟时，一群信鸽拉着悠长的哨声飞过塔顶，蓝天白云下，四周没有现代建筑的干扰，这一场景想必元代也曾出现，站在塔下仔细端详，思绪似乎一下回到几百年前的大都，这里确实是一处冥想的好地方。在塔的顶端还有一座铜制的宝瓶，后来更换为一座微缩的小喇嘛塔，形成细节对整体的完美呼应。整座白塔的各部分有着深刻的宗教内涵，用象征的手法表达了佛教中地、水、火、风四大元素和合的哲学思想。这其中，方形的台基面对四个方向，象征地；覆钵式的塔肚子内有舍利或者佛像，象征水；十三相轮，代表佛界的十三层天界，象征火；相轮顶部的伞盖也叫华盖，象征风；最上面的宝瓶则象征由下部的地、水、火、风构成的万物。

这类受广大佛教信徒爱戴的佛塔类型，起源于尼泊尔的"覆钵式"，由我国藏传佛教地区改良后，形成藏式的喇嘛塔。随着蒙满等笃信佛教的少数民族政权扩张，而进入了传统汉传佛教地区，在这一过程中，塔身由覆钵式的半球形，改进为上下收分的圆柱形，虽然各地的白塔因工匠而异出现了不同的造型比例，但总体上保持了喇嘛塔的基本构成。喇嘛塔自从流传到我国后，便因新颖的造型与独特的宗教含义而受到佛教徒的青睐，在经历了较长的发展时间后，成为我国重要的佛塔类型之一。

在北京城中，除了喇嘛塔外，还有另外一类型藏式佛塔——金刚宝座塔。在北京城西北角的西直门外，有一条可供清朝皇室成员乘船前往颐和园的高粱河，在码头乘船后大概航行一公里便可到达现今北京动物园附近，一座始建于明代的寺庙隐匿于高粱河北岸。这里如今被称为北京石刻艺术博物馆，但它还有一个更响亮的名称——真觉寺。真觉寺作为一座寺庙，却没有山门、钟鼓楼、天王殿、大雄宝殿等寺庙常有的

修葺前的白塔

清末年的真觉寺金刚宝座塔

建筑，站在简单的大门前，院子中的建筑似乎可以一眼望穿，如此奇特的寺院引起了到访者的好奇。历史上的真觉寺是一座规制完整的寺院，直至20世纪20年代，虽然残败不堪，建筑部件也偶有被盗，但寺院大体上维持着原来的样貌。后来北洋政府的蒙藏院将寺院卖给了一个商人，此人将寺中所有殿堂建筑拆毁，把拆下的梁柱都当木料出售。这座具有400多年历史的皇家寺院因此毁于一旦，只留下一座砖石的金刚宝座塔孤立寺中，成为那段苦难历史的最终诉说者，也成为真觉寺曾经存在过的最后见证者。在那之后，破坏与盗窃依然继续着，直到民国北平政府整理院子，重新修建围墙。中华人民共和国成立后，文物部门对寺内遗存与金刚宝座塔进行了多次修缮，并将北京市内的许多石刻艺术品收纳到寺内，成立了北京石刻艺术博物馆，为曾经破败不堪的寺院重新注入了新鲜血液。

真觉寺金刚宝座塔上的琉璃小亭　　　　　　　　　真觉寺金刚宝座塔北立面

　　真觉寺始建于明永乐年间，建成于明成化九年
（公元 1473 年），寺庙因印度梵僧班迪达国师向明
皇进贡金身佛像五尊，永乐皇帝特为此赐地并建立
寺庙。寺庙中基于印度的菩提伽耶塔（释迦牟尼得
道处）的规制而建造了我国现存最早的金刚宝座塔。
这种塔用于供奉金刚界五部主佛，又因为建在高大
的须弥座上，故而得名金刚宝座塔。整座塔分为塔
座和上部的五座密檐塔两部分。塔座近似方形，南
北长 18.6 米，东西宽 15.73 米，由汉白玉石砌筑而
成，立面呈下大上小、逐渐内收的稳定形态，最下
层为须弥座，之上部分的墙面被层层挑出的小屋檐
划分为五层，每层由密集排列的石刻佛龛构成。每
个佛龛单元，内有坐佛一尊，每两个佛龛之间以小
柱子分隔，虽然整个墙面用石刻构成，但基于传统

的木结构建造思维，依然表现了木质的柱子、斗拱与挑檐的结构特征。塔座的南北正中辟有券门，南门上刻有"敕建金刚宝座塔"的匾额。塔的内部为回廊式塔室，用砖拱券砌筑而成，一部盘旋楼梯通往塔座顶部。塔座上分建五座密檐小塔，当中一座十三层重檐，四周每座十一层重檐，他们分别对应金刚界的五方佛。中部为大日如来佛，坐骑为狮子；东部为阿閦佛，坐骑为象；南部为宝生佛，坐骑为马；西部为阿弥陀佛，坐骑为孔雀；北部为不空成就佛，坐骑为金翅鸟。据传班迪达国师进贡的五尊金身佛像就分别埋藏在五座塔下。中塔的正南有一座下方

真觉寺金刚宝座塔细部

碧云寺金刚宝座塔塔基　　　　　　　　　　　　　　碧云寺金刚宝座塔上的小塔

上圆双层檐的琉璃罩亭，里面就是楼梯的出口，罩亭内的顶部有一"蟠龙藻井"，这是真觉寺皇家寺院的标志。但是出于保护文物的目的，金刚宝座塔塔顶已经停止对公众开放了，我们也就无法近距离观赏顶部的蟠龙藻井了。除了真觉寺外，国内类似的金刚宝座塔，例如北京碧云寺的金刚宝座塔作为孙中山先生的衣冠冢而被永久封闭，呼和浩特慈灯寺的金刚宝座塔顶部也在近些年关闭了，似乎我们再也无处登顶金刚宝座塔了，又是一丝遗憾涌上心头。

虽然塔的上部无法企及，但塔座上精美的雕刻还是让人注目许久，在须弥座的束腰处，雕刻

远观碧云寺金刚宝座塔

有四大天王、降龙、伏虎罗汉、狮子、象、马、孔雀及大鹏金翅鸟，还雕有法轮、降魔金刚宝杵、瓶、牌和佛教八宝等高浮雕图案。其中的狮、象、马、孔雀及大鹏金翅鸟对应五方佛坐骑。在佛龛中雕刻着众多坐式的佛像，佛像的表情安详，但双手的姿势均不相同，在金刚宝座的四面共计有佛像384尊，真乃一座石雕博物馆。

在北京的这些藏传佛寺中，创造了几项我国古建史上之最，例如，妙应寺中的白塔是我国现存年代最早、规模最大的喇嘛塔；真觉寺内的金刚宝座塔则是我国年代最早，造型最精美的金刚宝座塔；还有碧云寺的金刚宝座塔是我国高度最高的金刚宝座塔……纵观这些宝塔，它们与众不同的造型就像从异域而来的一股清流，为北京古城又增添了些许新鲜的血液。

Chapter 11
Summer Palace and Empress Dowagers

第十一章
太后们的颐和园

　　清乾隆二十九年（公元1764年）的一天早晨，乾隆皇帝决定坐船去京城西北方的皇家园林清漪园。御船从西直门外的高粱河码头出发，沿着蜿蜒的河道行进大约9公里，就到达如今被称为颐和园的清漪园。在河道的尽头穿过一座名叫绣漪桥的拱桥，顿时，一片烟波浩渺的广阔湖面就出现在皇帝面前。在湖的远方，一座白色的十七孔桥向西连着湖中心的一座小岛，向东连着曲折的石堤。泛舟在这壮美的湖面上许久，穿过那座十七孔桥，刹那间，湖岸北部的万寿山就像一幅立体的山水画卷一样，展现在乾隆这位清漪园的"总设计师"面前。等待了15年之久的乾隆皇帝终于见到了自己的理想世界。

十七孔桥

十七孔桥上的石狮子

　　乾隆十四年（公元1749年），这里还是一片湿地，万寿山曾经叫作瓮山，而山前的小湖叫作瓮山泊，后来改称为西湖。瓮山与西湖一带水草丰美，常有人来此游山玩水、吟诗作赋。就在这年的农历十一月，这里突然来了众多的民工，他们将淤积在湖底的淤泥铲起，再运到瓮山东麓。似乎他们是在清淤和疏浚瓮山前的西湖，但是一座恢宏的庞大工程此时正在帝国主人的心中运筹着。

　　经过一年的施工，西湖的湖面扩大了两倍，边界已经拓展到瓮山的东南侧，乾隆皇帝将疏浚后的西湖命名为昆明湖，瓮山也改名为万寿山。随着整个水利工程的顺利竣工，忙碌了许久的主管大臣和大小官员们都以为可以松一口气了。但众人的愿望随着乾隆皇帝新圣旨的驾到而落空了，工程并没有结束，乾隆决定在万寿山南坡园静寺的遗址上修建一座大报恩延寿寺。众人这才恍然大悟，原来乾隆皇帝将瓮山改名为万寿山，是为庆祝笃信佛教的太后

万寿山前山的中轴线

六十大寿准备的贺礼。大报恩延寿寺工程随后全面展开，乾隆对待大报恩延寿寺的态度可以用事无巨细来形容，小到各种摆饰也要亲自过问，可见皇帝对工程是何等关切。

之后，随着一道道圣旨的下达，许多亭、堂、桥、榭等附属建筑也陆续开始在万寿山昆明湖开工。世人终于回过神来，这次工程远不止修建一座寺庙那么简单。来自于白山黑水间的满族皇室似乎对大自然有着天然的喜爱，自乾隆皇帝的爷爷康熙皇帝时起就在北京的西北郊陆续修建了畅春园、静宜园、静明园和圆明园四座皇家园林。雍正皇帝扩建了圆明园二十四景，到乾隆皇帝时，又将圆明园二十四景扩建为四十景，并且效仿雍正的《圆明园记》写了一篇《圆明园后记》，赞叹了圆明园无与伦比的同时，内心颇为不安的乾隆皇帝在书中提到，修建圆明园人力物力消耗巨大，从此往后将不再修建皇家园林，以示帝王勤俭爱民之心。但是仅仅过了六年之后，乾隆皇帝的誓言就被自己打破了，在乾隆十六年（公元 1751 年）六月的一道圣旨中，乾隆将万寿山昆明湖一带的景观、建筑正式命名为"清漪园"。一个庞大的园林建设计划终于渐进地呈现在世人面前。

　　乾隆十六年（公元 1751 年），清漪园已初具规模，这一年农历十一月十九日迎来了乾隆母亲崇庆皇太后的六十寿辰，在紫禁城中举办完寿宴之后，太后在乾隆皇帝的陪同下，第一次来到了清漪园，并在这里举办了一场隆重的庆典，使整个庆祝活动达到了高潮。这便是乾隆皇帝为博得母亲的欢心，在寿辰时献上的一份沉甸甸的厚礼——清漪园。

当我们再回到乾隆二十九年（公元 1764 年）的那天早晨，年近花甲的乾隆皇帝游览于已经建成的清漪园之中，想必无限的满足感占据了他全部的内心世界，统治一个拥有几千年文化积淀与世界四分之一财富的国家，使得乾隆能够将自己的理想完全实现于一个巨大的园林工程中。但人的心理有时是十分矛盾的，在内心得到满足的同时，有时也伴随着某种不安。皇帝也不例外，乾隆似乎一直愧疚于 15 年前违背自己不再修建园林的诺言，所以为自己立下了一个规矩，即每次去清漪园只能上午前往，中午返回，不在园中过夜，以此作为自律和反思，希望能得到天下人的谅解，并缓和自己心中的不安。这一次乾隆皇帝未曾食言，一直到他去世，也未曾在园中停留至午后。后来醉心于游乐的乾隆通过许多诗词描绘了清漪园日落时的景色，可见一直未能欣赏到清漪园夕阳西下的美景是乾隆永远的遗憾。

但令乾隆皇帝怎么也想不到的是清漪园的毁灭。在乾隆去世 65 年后的 1860 年，一群金发碧眼的英法匪徒远渡重洋为了逼迫清政府尽快签订不平等的《北京条约》，闯入了北京西郊的三山五园，放火烧掉了包括清漪园在内的全部皇家园林。一位英国随军记者描述了火烧清漪园的惨烈场面："最引人注目的是那个建在高处、俯瞰全园的高大楼阁，它耸立在高高的花岗石台阶之上，四周被熊熊的烈火所包围，看上去就像是某个处于火海之中的巨型祭坛。"那个被烧掉的巍峨高阁就是佛香阁，是万寿山的核心建筑。占清漪园建设花费十分之一的佛香阁就这么被付之一炬，实在令人惋惜。除了佛香阁之外，万寿山后山的智慧海、四大部洲，前山的大报恩延寿寺，昆明湖东北侧的玉澜堂、水木自亲等建筑也一并烧毁，乾隆皇帝心爱的清漪园就这样变成了灰烬。

　　皇家园林残破的景象就这样保留了13年，当朝的同治皇帝第一次发出了修复圆明园的上谕，但在江河日下、盛世不再的清末，这只会遭到群臣的极力反对，无奈之下，同治皇帝只好作罢。又过了13年后，同治早已驾鹤西去，此时的皇帝已是年满16岁的光绪皇帝，然而不变的依然是垂帘听政的慈禧太后。光绪皇帝即将亲政，慈禧又看到了重修皇家园林的希望。早在同治年间那次修复圆明园的提议，明眼的大臣们都知道是垂帘听政的慈禧的懿旨，当时极力反对修园的竟是现今皇帝光绪的亲生父亲——醇亲王奕譞。同治皇帝死后无嗣，按照常理，理应在比同治小一辈的皇亲中选出一位继承者。但野心勃勃的慈禧太后为了继续以太后的身份垂帘听政，执意在同治的兄弟中选出了醇亲王奕譞的儿子来继承大统。看似风光无限的帝位，实则凶险异常，据说，醇亲王当时得知消息后，抱头痛哭，昏倒在地，掖之不能起。他担忧不是没有道理的，慈禧此时需要的只是一个继续能帮她翻云覆雨般统治大清帝国的傀儡。光绪的一生是可悲的，日后对光绪皇帝的尸检证明，他死于砒（即我们常说的砒霜）中毒。

当慈禧再一次提出重修皇家园林时，此时的醇亲王奕譞不得不重新考虑这其中的利害关系了，如果能修复一座皇家园林，让慈禧太后到那里养老，放松对朝政的把控，即将亲政的皇帝就可以得到更多的实权。正是对亲生儿子处境的考虑，奕譞的态度发生了巨大的转变，从坚定的反对派转变为最大的支持者。

在众多残破的西郊园林中，奕譞首选清漪园进行修复，因为清漪园大小合适，山水俱全，残园中保留的基址似乎还可看出几分当年的样貌；同时，当年修建清漪园的时候，乾隆皇帝便以为太后祝寿的名义动工。如今，再为慈禧修园便有据可循，最重要的是奕譞作为海军衙门的主管，还可效仿乾隆时在昆明湖操练水军，以海军衙门的名义出资修复清漪园再合适不过了。就这样清漪园的复活指日可待了，但可叹的是，为此事操劳许久的奕譞怎么也没想到，竟为自己的儿子亲手打造了一座华丽的牢笼。

园林的修建一直在秘密进行着，然而这样庞大的

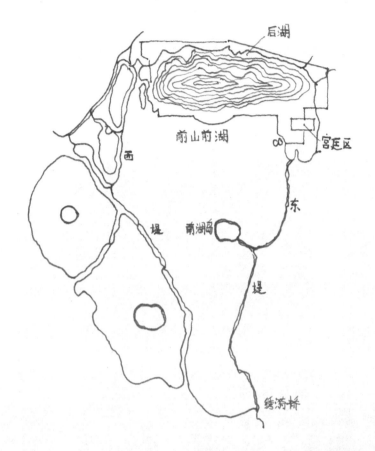

后湖

前山前湖

宫廷区

西

东

堤

南湖岛

堤

绣漪桥

颐和园总平面示意图

工程不可能做到密不透风，索性慈禧以光绪皇帝的名义发布上谕，说修复清漪园是光绪皇帝在效仿乾隆皇帝孝敬太后，并将清漪园改称为颐和园，取"颐养冲和"之意。修复颐和园总计花费500万—600万两白银，大致相当于当时三艘军舰的费用，为了保证颐和园的开销，海军衙门停止了购买军舰。1894年中日甲午战争爆发，北洋水师全军覆没，与海军唇亡齿寒的颐和园也在第二年仓促停工。借颐和园之名的清漪园复活了，但大清王朝距彻底灭亡已经进入倒计时。

仁寿殿前

在清漪园基础上复活的颐和园与乾隆时期的布局类似，大体分为三个区，它们分别是昆明湖东侧的宫殿区，前山前湖区与后山后湖区。今天当我们乘坐公共交通工具前往参观颐和园的时候，可能会选择地铁4号线北宫门站下车，由颐和园的北宫门或者步行几百米至东宫门进入。如果效仿当年皇家最快捷的乘船方式，可由西直门外动物园后的码头登船前往，从昆明湖南侧进入。如果选择从陆路进入，从东宫门进入为妙，在游遍宫廷区后，可来到昆明湖边纵览整个前山前湖的美景，向北可前往山前的建筑群，向南可沿湖堤经十七孔桥上南湖岛。如果从北宫门进入，首先可见到的便是后山后湖景区中的苏州街与万寿山后部的建筑群，景致较前山平淡，如果想要见到颐和园的标志性建筑——佛香阁，则需徒步翻越万寿山，并行走较远的距离。

宫廷区属于离宫型的宫殿，包括外朝、内廷共九进院落，以及德和园戏台和其他辅助性建筑。外朝以仁寿殿为主殿，殿庭内用巨型太湖石为屏，并散置湖石与松柏竹梅，主体建筑不用宫殿常用的黄琉璃瓦，只用普

仁寿殿前的铜龙

通的灰瓦，极力避免宫殿的气氛而尽力渲染园林的氛围。内廷中以玉澜堂、宜芸馆为皇帝、皇后的寝宫，而以乐寿堂为太后寝宫。这些内廷院落中，乐寿堂坐北朝南，背靠山，面临湖，体量最大，位置也最佳，占尽地利优势的乐寿堂也体现出晚清太后独大的局面。在乐寿堂中有一块巨石，重达 20 多吨，好似灵芝状的它来自于北京房山。当年本是明代官吏米万钟发现的这块巨石，米万钟千方百计想要把它搬回家，但半路上米万钟就已经耗尽了所有家财，所以人们称这块巨石为"败家石"。后来，乾隆皇帝也看上了它，要把它作为乐寿堂前的屏风，因为石头太大，为了搬它进院，乾隆甚至不顾太后的反对拆掉了清漪园中的院门。这块巨石后来也被重新命名为青芝岫，意思是青色的灵芝状石头。可能整个颐和园中最有故事的石头就要数这块青芝岫了。外朝的仁寿殿在乾隆时期被称为勤政殿，表达了乾隆寄情山水而不忘勤政的意思。到了颐和园时期，慈禧太后将勤政殿改为仁寿殿，意味仁政者长寿。这里亦是光绪皇帝亲政后来颐和园处理政务的地方。1898 年六月十六日，戊戌变法的第六天，光绪皇帝就在这里第一次也是唯一一次会见康有为。在戊戌

颐和园前山透视图

佛香阁与智慧海

变法失败后，仁寿殿宝座上的主人变成了慈禧太后，被完全架空的光绪皇帝只在一旁作为陪衬。有时候慈禧也会假意征询光绪的意见，光绪每次总是低声回答，以致跪在地上的大臣都听不到他在说什么，但是他们明白，光绪皇帝不会反对太后的意见。同样与戊戌变法有联系的还有内廷的玉澜堂，1898 年农历九月十六日，变法行将失败，在玉澜堂中光绪召见了当时身为直隶按察使的袁世凯，想要以高官厚禄换取袁世凯的支持。然而老奸巨猾的袁世凯最终还是辜负了这位天真的皇帝。在变法失败后的日子里，如果慈禧太后在紫禁城，光绪皇帝会被关在中南海的瀛

排云殿前景

台，而慈禧太后来到颐和园，则会把皇帝一起带来，软禁在玉澜堂。后来，玉澜堂东西两侧也砌起了高墙，连通往隆裕皇后居所宜芸馆的路也被切断了。无聊的皇帝除了有太监的陪伴外，一概不得接见外人。郁郁寡欢的皇帝身体愈发虚弱，常常在院子里敲小鼓解闷，可悲可叹的是这座豪华的囚笼就是自己的父亲亲手打造的。更可悲的是，后来皇帝的每日三餐，虽然也有十几道菜，但远离御座的已经发臭，近处的也因久熟而干冷，心理和物质的双重折磨均来自慈禧的无情报复。

走过了这片光绪皇帝的悲情之地，我们向西来到昆明湖边，放眼远眺北方的万寿山，山体中部雄踞着高达 41 米的佛香阁，耸立在高

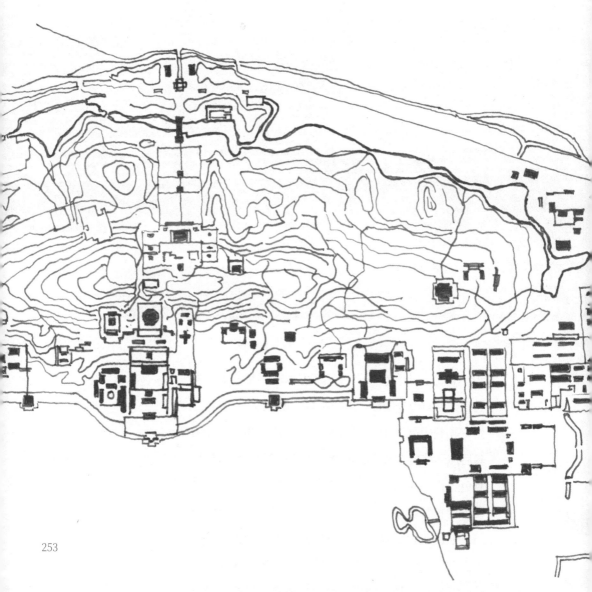

万寿山建筑布置图

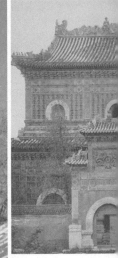

近观佛香阁

20 米的方台上，体量巨大，造型敦厚，与前山前湖的壮阔场面十分相称。它在山体的位置也恰到好处，没有建到山顶之上，而是坐落在山肩的部位，并由其后琉璃牌楼众香界和琉璃无梁殿智慧海充当屏障，避免了巨阁形象暴露于后山视野。同为琉璃材质的众香界和智慧海，外观华丽、稳重，恰如其分地充当了前山主轴的终点。在清漪园时期，佛香阁是万寿山前山中部大报恩延寿寺的主体建筑，它构成了前山左右对称的主轴线，然而在清漪园最初的设计

璃牌坊众香界与琉璃无梁殿智慧海　　　　　　　　　鸟瞰排云殿全景

中，这里并没有佛香阁，而是一座九层高塔。当年乾隆陪同崇庆皇太后下江南时，二人对杭州的六和塔极为推崇，所以，乾隆决定在清漪园中修建一座类似的高塔。公元1758年，塔已经修建至第八层，乾隆亲自视察延寿塔，高耸的塔身在万寿山上分外显眼，乾隆皇帝一定是感觉到了什么，两天之后，主管修建清漪园的大臣便接到圣旨，命令其即刻拆除已经修建至八层的延寿塔。对于拆除的原因有多种说法，有的说延寿塔地基塌陷不得不拆除，有的说延寿塔风水不好，南方的塔不适合建在北方，也有人考证说，延寿塔在清漪园中的造型过于突兀，打破了周围的和谐，被乾隆皇帝一眼看出，为了保持园林的完美只能拆除。众说纷纭，但唯一的知情人乾隆皇帝却始终没能给出答案。这件事也成为清漪园的一大疑点。但无论结局如何，拆除延寿塔，再新建佛香阁总计花费 37 万两白银，乾隆始终拿不出合理的解释，只能让其含糊了事罢了。颐和园时期，在大报恩延寿寺的基址上仿照紫禁城外朝部分，新建了排云殿的三进院落，形成集佛寺和朝宫、寝殿为一体的建筑群。南半部改建为朝宫排云殿，罗汉堂、慈福楼改建为寝宫清华轩、介寿堂。传说慈禧太后原本想将排云殿作为自己的寝宫。当时工程尚未结束，慈禧太后就迫不及待地住了进去，结果当晚就生了一场大病。慈禧突然意识到，这里以前是大报恩延寿寺，是不是因为在佛寺的旧址上兴建自己的寝宫，冒犯了神明，才染上了重病。于是，慈禧太后不得不把寝宫改在了东边的乐寿堂，而把排云殿改成慈禧太后举办万寿庆典的场所。

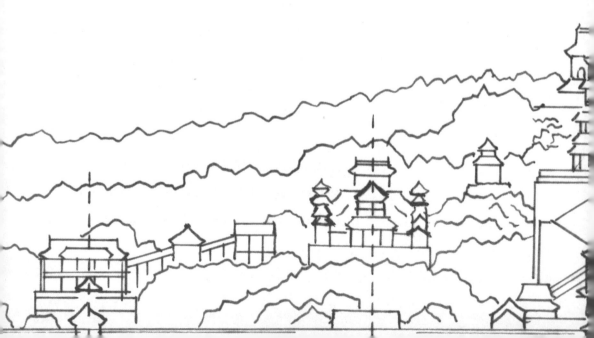

由于万寿山前山东西展开过长，仅靠主轴线上的佛香阁建筑控制全局略显单薄，所以，在主轴线佛香阁东西两侧又布置了慈福楼与罗汉堂，转轮藏与宝云阁，写秋轩与云松巢等几组小型建筑，从而形成了大致对称的四根次要轴线。三角形的整体构图，形成了前山从佛香阁"寺包山"的景致向两端"山包寺"的蜕变，这样的手法不仅突出了主体建筑的地位，也由近及远地逐渐减少了建筑的分量，使之自然地融入到了山体之中，尽可能消除一切单调之感。在前山脚下的湖岸边，还有一条长达 728 米的长廊，这条长廊完美地完成了山湖的交接过渡。

颐和园前山立面图

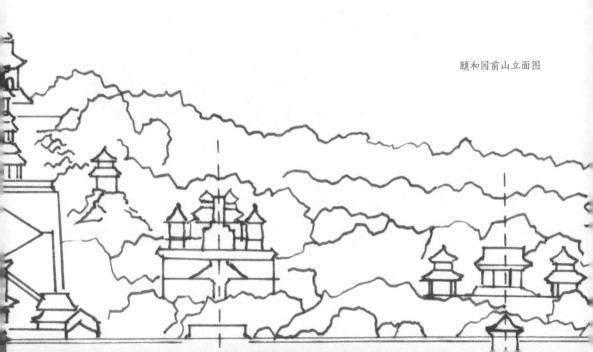

长廊上的彩画

转身再看万寿山前面的这片辽阔湖面，湖中的西堤及其支堤将湖面划分为里瑚、外湖、西北水域三个部分，湖中分布有南湖岛、治镜阁、藻鉴堂三个大岛和知春亭、凤凰墩、小西泠三个小岛，去过西湖的人们再来到昆明湖前，都会有种似曾相识的感觉。正在清漪园工程全面展开之时，恰逢乾隆皇帝陪同太后第一次下江南，从小便接受汉家文化熏陶的乾隆皇帝似乎比他的爷爷康熙皇帝更加醉心于江南的景致。早已在诗词中领略过西湖美景的乾隆，第一次亲眼见到西湖的时候，还是发出了一系列感叹，认为对书中的揣测始终无法比及亲身的经历。在这次江南之行后，随即动工的清漪园似乎看到了更多西湖的影子。

作为一处兼做水库的大型水体，为了防止湖水泛滥淹没东部的圆明园、畅春园，曾经在湖岸的东侧修建了一条堤坝，因为位于畅春园以西，所以起名为西堤。在大堤上还建有南、东、北三座闸门。当南闸打开，水可从此流入京城，供城中用水；当东闸打开，可供东侧园林用水；如遇丰水之年，多余的水可由北闸泄入清河。平时三闸一律关闭，存蓄湖水。此时山脚下的昆明湖俨然一副人工水库的

面貌，从此京城用水有了充足的保证。兴修水利也成为当初乾隆给出的所有修建清漪园理由中对普通百姓最实惠的一个了。后来由于昆明湖的西侧又修建了一道堤坝，原来的西堤就被乾隆改为东堤了。在东堤岸边有一只与真牛大小相仿的镀金铜牛时刻注视着这片西郊园林中最大的一处水面。

在昆明湖的西北角，有一艘巨大的石船，石船上的舱楼采用了中国传统的样式，在清漪园时期它被叫作石舫，乾隆用这座石舫时刻提醒自己，水能载舟亦能覆舟。由于它模仿了江南水乡岸边泊船的习惯，所以船尾向外，船头朝向了岸边。这座巨大的石舫在 1860 年英法联军入侵时被烧毁，只剩船底。颐和园时期，石

清晏舫

船得以修复，被命名为清晏舫，上部的舱楼也因慈禧太后的喜好而改为了西洋式，船体的两边还增加了一对模仿蒸汽动力驱动的机轮，舱楼看似是石材建成，实则是木料上绘制了大理石的花纹。慈禧太后曾在清晏舫中品茶用膳、观景赏月。这是一艘挪用了海军经费修复的大石船，永远无法开动的它，似乎预示了大清海军的悲惨结局。

顺着清晏舫北上，便可进入后山后湖景区，这里即万寿山的北坡，以及万寿山与北宫墙之间曲折的后溪河。在清漪园时期，后溪河的两侧有一条买卖街，全长大概 270 米，其间有 200 多间店铺。它模仿了苏州山塘街一河两街的格局，所以又叫苏州街，但是它的商铺建筑多采用北方风格的"牌楼"形式。店铺的铺面都朝河而开，可以在船上购物。乾隆与太后南巡时，曾经对江南水乡与两岸的店铺留下了深刻的印象。由于太后年事已高，不便南下江南，于是乾隆皇帝就在清漪园后山中修建了这条买卖街，作为送给母亲的礼物。其实，这些店铺中的掌柜、伙计和顾客都是太监宫女与大臣们扮演的，也不知太后在此购物时，到底是一种什么样的购物体验呢？

万寿山北坡的建筑不多，除中央部位建有藏式的大型佛寺须弥灵境外，均为小型点景建筑。清漪园被毁后，大部分仅存遗址，未经修复。清漪园时期的须弥灵境是与前山大报恩延寿寺隔山相对的另一组佛教建筑，因地形原因被布置为坐南朝北，并且省去了山门、钟鼓楼、天王殿，只留下正殿和配殿。建筑分建于三层平台上，第一层为三个牌楼围合的广场，第二层为两座面阔五间的配殿——宝华楼和法藏楼，第三层之上建有九开间重檐歇山顶大殿，高悬"须弥灵境"匾额。在须弥灵境南面的金

后湖苏州街

刚墙上就是须弥灵境的中心建筑——香岩宗印之阁，那是一座三层的巨型楼阁，象征着须弥山，四周围绕着藏式碉房建筑，分别象征四大部洲。而在四大部洲的前后左右还有八个体量更小的碉房，被称为八小部洲。在香岩宗印之阁的东南侧和西南侧，分别是日殿和月殿，象征着回旋于须弥山两侧的太阳和月亮。在香岩宗印之

颐和园后山透视图

阁四角建有绿、白、红、黑四色且造型不同的喇嘛塔，在整个须弥灵境建筑群的最南端是一段半圆形的围墙，象征着世界的终极——铁围山。这些建筑沿着陡峭的山体交错排列，建筑布局仿照了西藏地区出现的第一座寺庙——桑耶寺。

当我们沿着后山一路深入，来到了万寿山东麓的谐趣园，乾隆十六年（公元 1751 年）初建时名为惠山园，仿照了无锡寄畅园的布局，谐趣园地势低洼，以水面为中心，由后湖引来的活水，筑景成为峡谷水瀑，颇似寄畅园中水景"八音涧"。同时，谐趣园借景于西面的万寿山，类似寄畅园之借景于园外的锡山。通常，借景是中国古代小园林常用的扩展景观的手法，可以使园内景观得到极大的拓展，略师此意而建的谐趣园，是一处典型的园中园。

出谐趣园，从万寿山的密林中再次回到前山，路遇德和园大戏楼，这里曾经是慈禧太后和光绪皇帝听戏的地方，1908 年农历七月二十四日，光绪皇帝万寿庆典之时，还曾陪同慈禧太后在此看戏，此后估计连光绪皇帝本人都没有想到的是他在 1908 年颐和园里做的每一件事都可能是最后一次。三个月后，光绪皇帝和慈禧太后像往年一样离开颐和园回到了紫禁城旁的西苑（今天的中南海）。随后，正值壮年的光绪皇帝就离奇驾崩了。一天后，统治中国近半个世纪的慈禧太后带着她的那句经典名言"今日令吾不欢者，吾将令彼终生不欢"也驾鹤西去了。

清漪园——颐和园的前世今生就是一部真实存在过的宫廷大戏，清漪园的建造起因于崇庆太后的万寿庆典，当园林在第二次鸦片战争中被毁后，又在慈禧太后无限膨胀的享受欲中得到了恢复，并改名为颐和园。清漪园带给乾隆皇帝、崇庆太后的是母子和睦的天伦之乐；而颐和园对于慈禧太后和光绪皇帝来说则走向了两个极端，一边是享乐的天堂，而另一边则是华丽的牢笼。随着王朝的分崩离析，这座集中体现了我国古代造园成就的皇家园林，终于揭开了它那保持了100多年神秘的面纱，向世人敞开了大门。当我们徜徉在这山水如画的园林中时，别忘了在夕阳西下之时，站在东堤的夕佳楼处，替乾隆皇帝弥补那个未曾实现的"夕阳梦"。

后 记
Epilogue

　　追随着梁公当年的脚步，我们在踏访了天津蓟县独乐寺、河北易县清西陵、正定县隆兴寺与四塔、山西五台县佛光寺与南禅寺、浑源县悬空寺、宁武县悬空村、大同市古城与云冈石窟、应县释迦塔、陕西米脂县姜家庄园与李自成行宫等古建筑后，又回到了出发点北京，在此我们又探访了北京城中的藏传佛教寺庙与佛塔、京郊的颐和园，还有那条举世瞩目的城市中轴线。驰骋在中华大地几千公里的路途中，将寺庙、佛塔、宫殿、石窟、陵墓、园林、古城、古村等一并串联了起来，饱览了我国遗留至今的众多古代建筑之"最"、之"美"、之"奇"。惊叹于古代工匠巧夺天工般技艺的同时，也清楚地认识到我国古代建筑保护与传承的紧迫性，这也是驱动梁思成先生终其一生为之奋斗的动力。

　　此次的古建筑考察之旅就要告一段落了，但梁公与营造学社当年踏足过的河北赵县安济桥、定兴县北齐石柱，山东长青县灵岩寺、历城区神通寺、曲阜市孔庙，山西太原市晋祠等古建却依旧未能成行，这也将成为未来我们继续前行的动力，在保护与传承古建筑为代表的中国传统文化之路上，建筑学人的脚步将永不停歇。

刘　阳

参考文献

[1] 傅熹年.中国古代建筑史（第二卷）[M].第二版.北京：中国建筑工业出版社，2009：522-529.

[2] 郭黛姮.中国古代建筑史（第三卷）[M].第二版.北京：中国建筑工业出版社，2009：281-409.

[3] 潘谷西.中国古代建筑史（第四卷）[M].第二版.北京：中国建筑工业出版社，2009：355-364.

[4] 孙大章.中国古代建筑史（第五卷）[M].第二版.北京：中国建筑工业出版社，2009：41-65.

[5] 潘谷西.中国建筑史[M].第七版.北京：中国建筑工业出版社，2015：2-9.

[6] 梁思成.梁思成全集[C].北京：中国建筑工业出版社，2001.

[7] 侯幼彬.中国古代建筑历史图说[M].北京：中国建筑工业出版社，2002：159.

[8] 阎崇年.大故宫[M].武汉：长江文艺出版社，2012：13-132.

[9] 徐华铛.中国古塔造型[M].北京：中国林业出版社，2007：10-76.

[10] 赵徽.颐和园[M].武汉：长江文艺出版社，2011：4-130.

[11] 李寅.探秘清代帝后陵[M].北京：中华书局，2015.

[12] 赵炳时，林爱梅.寻踪中国古建筑——沿着梁思成、林徽因先生的足迹[M].北京：清华大学出版社，2013：4-136.

[13] 李乾朗. 穿墙透壁剖视中国经典古建筑 [M].桂林：广西师范大学出版社，2009：18-304.

[14] Firmin Laribe. 拉里贝的中国影像记录. 巴黎：法国国家图书馆，1900—1910.

[15] 美丽照相馆. 北京名所 [DB/OL].https://shuge.org/ebook/photos-of-peking/,2018-7-14.1935.

[16] 山本赞七郎. 北京名胜 [M].东京：东京制版所，1906.

[17] 常盘大定，关野贞. 支那文化史迹解说 [C].东京：法藏馆，1941.

[18] Herbert C. White. 燕京胜迹 [M].上海：上海商务印书馆，1927.

[19] 伊东忠太，小川一真. 清国北京皇城写真帖 [M].东京：东京帝室博物馆，1906.

图书在版编目（CIP）数据

古建巡礼 / 刘阳著 . -- 南昌：江西美术出版社，
2019.2
ISBN 978-7-5480-6643-9

Ⅰ. ①古… Ⅱ. ①刘… Ⅲ. ①古建筑－建筑艺术－中
国 Ⅳ. ① TU-092.2

中国版本图书馆 CIP 数据核字 (2019) 第 019809 号

出 品 人：周建森
责任编辑：方　姝　姚屹雯
责任印制：谭　勋
书籍设计：韩　超　　ᴘ 先鋒設計 PIONEER DESIGN

古建巡礼 GuJian XunLi

著　　者：刘　阳
出　　版：江西美术出版社
地　　址：南昌市子安路 66 号
网　　址：www.jxfinearts.com
E - mail：jxms@163.com
邮　　编：330025
电　　话：0791 - 86566309
经　　销：全国新华书店
印　　刷：恒美印务（广州）有限公司
开　　本：787mm×1092mm　1 / 16
印　　张：17.5
版　　次：2019 年 3 月第 1 版
印　　次：2019 年 3 月第 1 次印刷
书　　号：ISBN 978-7-5480-6643-9
定　　价：88.00 元

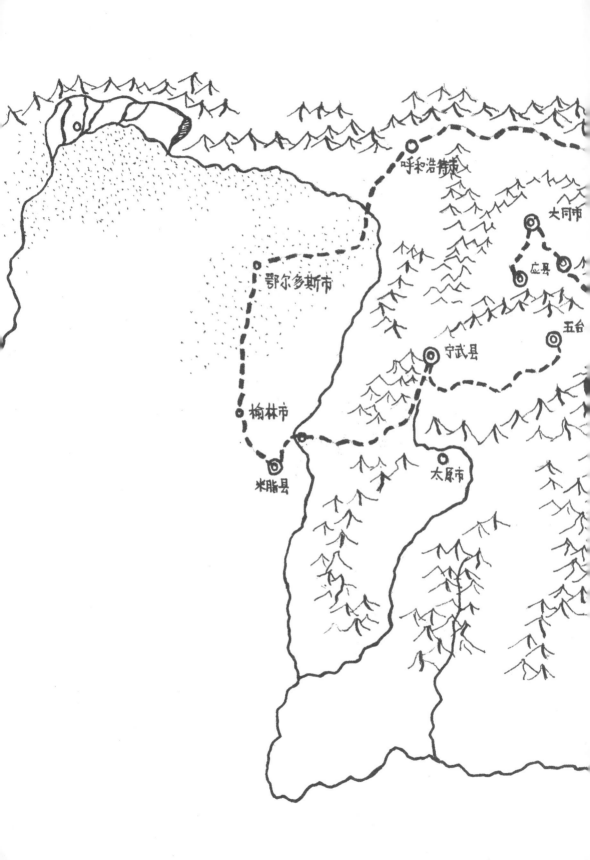

呼和浩特市

大同市

応県

五台

鄂尔多斯市

宁武县

榆林市

太原市

米脂县